超低渗油藏高压注水井降压增注技术

主　编　王宏伟　王　萌
副主编　顾中波　曹雄科　程　飞

中国石化出版社

内 容 提 要

　　本书从超低渗油藏注水开发方式和地质特征出发，分析了注水井高压欠注的原因，介绍了高压注水井降压增注相关技术情况，重点对表面活性剂降压增注和酸化解堵增注技术体系的原理和现场应用情况进行了详细说明，为超低渗油藏高压注水井降压增注提供思路和指导。

　　本书体系完整，层次清晰，深度和广度适宜，适合从事超低渗油藏注水现场开发相关管理和技术人员阅读和参考。

图书在版编目(CIP)数据

　　超低渗油藏高压注水井降压增注技术／王宏伟，
王萌主编；顾中波，曹雄科，程飞副主编. — 北京：
中国石化出版社，2021.12
　　ISBN 978-7-5114-6152-0

　　Ⅰ.①超… Ⅱ.①王… ②王… ③顾… ④曹…
⑤程… Ⅲ.①低渗透油气藏-注水(油气田)-高压注水-
增注 Ⅳ.①TE357.6

　　中国版本图书馆 CIP 数据核字(2021)第 258933 号

中国石化出版社出版发行

地址:北京市东城区安定门外大街 58 号
邮编:100011　电话:(010)57512500
发行部电话:(010)57512575
http://www.sinopec-press.com
E-mail:press@ sinopec.com
北京柏力行彩印有限公司印刷
全国各地新华书店经销

＊

710×1000 毫米 16 开本 10 印张 175 千字
2021 年 12 月第 1 版　2021 年 12 月第 1 次印刷
定价:58.00 元

主 编 简 介

王宏伟，男，汉族，中共党员，油气田开发高级工程师，2003年7月毕业于中国石油大学(华东)，中国石油长庆油田分公司第八采油厂厂长、党委副书记。

王萌，男，汉族，中共党员，油气田开发高级工程师，1996年毕业于西南石油学院，全国五一劳动奖章获得者。

　　油田注水是一门多学科领域、多工种协作、多部门配合的系统工程，涉及地质研究、动态测试、井网调整、工具研发、现场管理等多方面，是一项需具有全局观的基础工作。

　　本书涵盖了油田注水开发方式、超低渗油藏地质特征、注水高压欠注原因、注水降压增注措施、表面活性剂降压增注技术、酸化解堵降压增注技术及现场应用效果等方面的基本知识、成熟技术、基本数据和图表，凝练了近年来超低渗油藏高压注水井降压增注技术在基础研究、前沿技术探索、应用技术攻关等方面取得的新理论、新方法和新技术，对油田注水技术人员技术水平提升具有一定的推动作用，是一本能够满足广大油田注水技术人员和管理人员工作需要的参考用书。

　　参与编写的专家、教授和工程技术人员具有丰富的理论和现场知识，他们的专业技术水平以及辛勤的劳动，保证了这本书的实用性。

第 **1** 章

油田注水开发方式

1.1 开发方式

1.1.1 注水的必要性及其优点

油田依靠天然能量开采，存在一定的问题：

① 多数油田的天然能量不充足；

② 能量发挥不均衡，初期大，油井高产，后期小；

③ 油田的调整和控制困难；

④ 采收率较低。

注水开发油田的主要优点：能保持高产；驱油效率高；容易控制和调整；采收率高；经济效果好。

1.1.2 油田注水时间

油田合理的注水时间和压力保持水平是油田开发的基本问题之一。

（1）油田注水时间的类型及特点

早期注水（early-stage waterflooding）：早期注水是在地层压力还没有降到饱和压力之前就及时进行注水，使地层压力始终保持在饱和压力以上。

优点：使油井有较高的产能，有利于长期的自喷开采，有利于保持较高的采油速度和实现较长时间的稳产。

不足：油田初期注水工程投资较大，投资回收期长。

晚期注水：天然能量枯竭，即溶解气驱之后注水，称为晚期注水，或二次采油。

优点：初期生产投资少，原油成本低。对原油性质较好、面积不大、天然能量比较充足的中小油田可以采用。

不足：油田稳产期短，自喷开采期也短，采收率相对较低。

中期注水：投产初期依靠天然能量开采，当地层压力下降到低于饱和压力后，在气油比上升到最大值之前注水。

初期利用天然能量开采，在一定时机及时注水开发的方法，初期投资少，经济效益好，也可能保持较长的稳产期，并不影响最终采收率。对地饱压差较大，天然能量相对丰富的油田较适用。

（2）注水时机的确定

考虑油田本身的特征：

① 油田天然能量的大小；

② 油田的大小和对油田的产量要求；

③ 油田的开采特点和开采方式。

考虑油田经营者所追求的目标：

① 原油采收率最高；

② 未来的纯收益最高；

③ 投资回收期最短；

④ 油田的稳产期最长。

1.1.3 油田注水方式

注水方式：注水井在油藏中所处的部位和注水井与生产井之间的排列关系，又称"注采系统"。

注水方式归纳起来主要有四种：边缘注水（edge water flood）、切割注水、面积注水（pattern water flooding）和点状注水。

一个油田注水方式的选择主要是根据国内外油田的开发经验与本油田的具体特点（油层性质和构造条件等）来确定。

（1）边缘注水

边缘注水是指把注水井按一定的方式布置在油水过渡带附近进行注水。

适用条件：油田面积不大，构造比较完整，油层稳定，边部与内部连通性好，油藏原始油水边界位置清楚，流动系数较高，注水井吸收能力好，能保证压力传递以使油田得到良好的注水效果。

根据注水井排在油水界面的相对位置，边部注水又可分为缘外注水、缘上注水、缘内注水三种（图 1-1、图 1-2）。

图 1-1　边缘注水方式

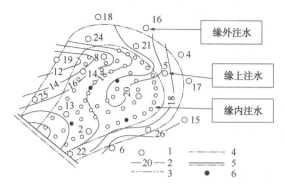

图 1-2 油田注水方式

1—详深井；2—砂岩等厚线；3—内油水边界；

4—外油水边界；5—断层线；6—生产井

优点：油水界面比较完整，油水界面逐步向内推进，控制较容易，无水采收率和低含水采收率高。

缺点：由于遮挡作用，受效井排少(一般不超过 3 排)，油田较大时内部井排受不到注水效果。此外，边部注水，可造成注入水部分外逸降低了注水效果。

开发实例：俄罗斯的巴夫雷油田

油田面积 $80km^2$；

平均有效渗透率 $600\mu m^2$；

油层比较均匀、稳定，边水活跃；

采用边外注水方式后，油层压力稳定在 14～15MPa，注水后的 5 年内原油日产量基本上没有波动，年采油速度达到 6%。

(2) 切割注水

切割注水：利用注水井排将油藏切割成为较小单元，每一块面积(称为一个切割区)，可以看成是一个独立的开发单元，分区进行开发和调整(图 1-3)。

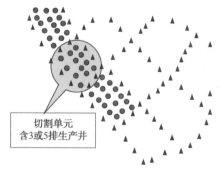

切割单元
含3或5排生产井

图 1-3 链状切割示意图

切割方式可分为：纵切割、横切割、环状切割、分区切割等。

横切割：沿构造短轴方向切割。

纵切割：沿构造长轴方向切割。

(a) 横切割注入   (b) 轴线切割注水

图 1-4   横切割注入、轴线切割注入示意图

切割注水井网要求确定切割距、生产井排数、排距和井距等参数。

切割距：切割区的宽度，即两排注水井间的距离。

切割注水的实施步骤：

① 排液：在注水井排，清除注水井井底周围油层的污染物，在井底周围附近造成低压带。

② 拉水线：在注水井排上，一口井排液，一口井注水，使注水井排上首先形成水线。

③ 全面注水：将排液井改为注水井。

适用条件：油层大面积稳定分布（油层有一定延伸长度）；注水井排上可以形成比较完整的切割水线；连通性好；油层具有一定的流动系数。

优点：可根据油田地质的特征，选择切割注水井排形式、最佳方向及切割距；可优先开采高产地带，使产量很快达到设计水平；切割区内的油井普遍受到水驱的效果。

局限性：不能很好地适应油层的非均质性；注水井间干扰大，单井吸水能力较面积注水低；当几排井同时生产时，内排井生产能力不易发挥，外排井生产能力大，但见水也快。

开发实例：

① 俄罗斯罗马什金油田：边内切割注水。

② 美国克利-斯莱德油田：200km²，初期依靠弹性能量开采—溶解气驱—切割注水。

③ 中国大庆油田：油田面积大，一些好油层储量大，延伸长，油层物性好，占储量80%~96%以上的油砂体可延伸3.2km。因此，采用较大的切割距和排距的边内切割早期注水，开发效果好。

（3）面积注水

面积注水：把注水井和生产井按一定的几何形状和密度均匀地布置在整个开发区上。

由油井和注水井相互位置及构成井网形状不同，面积注水可分为：四点法、五点法、七点法、九点法、反九点面积注水和正对式与交错式排状注水（表1-1、图1-5~图1-8）。

表1-1 面积注水井网的特征

井网	注水井与采油井之比	钻成井网基本形状	排状布井时的排距与一排井中的井距比
四点	1:2	等边三角形	0.289
歪四点	1:2	正方形	0.5
五点	1:1	正方形	0.5
七点	2:1	等边三角形	0.289
反七点	1:2	等边三角形	0.289
九点	3:1	正方形	0.5
反九点	1:3	正方形	0.5
正对式排状注水	1:1	长方形	
交错式排状注水	1:1	注采井列线交错	

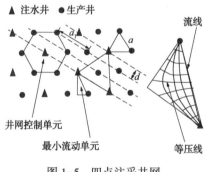

图1-5 四点注采井网

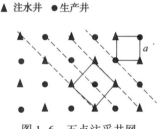

图1-6 五点注采井网

所谓几点法注水系统是指以油井为中心，周围的几口注水井两两相连，构成一个注采单元，单元内的总井数为 n，便为 n 点系统。

适用条件：各种类型的油田，各种情况。

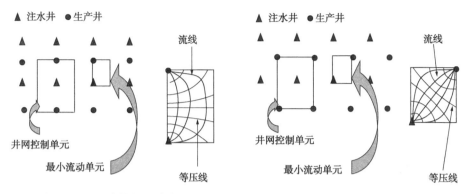

图 1-7　正对式排状注采井网　　　　　图 1-8　交错排状注采井网

优点：适用性强，生产井都能受到注水效果的影响，采油速度高，尤其适用于强化开采。

不足：生产井来水方向不容易调整，无水采收率比较低。

$$注水井数/生产井数=(n-3)/2$$

1.2　注水井网

由于注水开发能补充地层能量，使油井保持旺盛的生产能力，使采收率可以提高 10%~25%，加之注聚的三次采油工艺，最终采收率可以达到 50%~65%，比依靠自然能量一次开采的采收率提高 45%~55%。因此我国和俄罗斯等国家的油田，95%都采用注水方式开发。我国现有采油井约 18 万口，注水井 6 万口，但由于油田陆续进入三高开发阶段，细分注水工艺的实施迫在眉睫。另外不少公司在美国、加拿大买断了一批枯竭油田，通过注水补充能量，单井产量可达到 3~10t/d，取得了可观的经济效益。非洲的乍得和苏丹等国家的油田，一开始就搞注水开发方案，这充分说明注水开发油田模式已被人们认可。

1.2.1　井网部署介绍

低渗透油藏开发井网部署大体上经历了 3 个阶段：初期沿用中高渗透油藏的开发井网，中期将注采井网与储层裂缝系统进行了初步优化，井排方向与裂缝方向错开一定角度。目前阶段采用注水井排方向与裂缝方向平行的菱形反九点法井网，或者是排距、井距不等的注水井排平行于裂缝系统的矩形井网。

（1）初期沿用中高渗透油藏的开发井网

低渗透油藏开发初期，对渗流特征认识不充分等，采用了中高渗透油藏的开发井网，造成了注水受效差、注采比高、产量递减、自然递减率高等问题。例如，龙虎泡高台子层，储层孔隙度为 13.5%，空气渗透率为 $0.51 \times 10^{-3} \mu m^2$，采用 300m×300m 正方形反九点法井网，注水开发 4 年，累积注采比达到 3.54，单井日产油由 1.32t 下降到 0.65t，地层压力由 7.8MPa 下降到 5.8MPa，自然递减率高达 34.5%，由此可见，注采井间无法建立有效的驱动压力体系。

局部区域天然微裂缝较为发育的新肇油田，采用 300m×300m 正方形反九点法井网，注水井排方向沿东西部署，与裂缝走向平行。注水开发 4 年，注水井排方向油井水淹比例高达 63.0%。

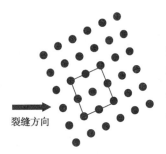

裂缝方向

图 1-9　正方形反九点井排
与裂缝方向错开 22.5°
布井示意图

（2）中期优化注水井排方向与裂缝方向

在低渗透油藏开发实践中，逐渐认识到井网对开发效果影响较大，中期将注采井网与储层裂缝进行了初步优化，井排方向与裂缝方向错开 22.5°或 45°（图 1-9）。井网延迟了注水井排油井见水时间，开发状况有所改善，但是注水井沿裂缝方向与错开的生产井仍可形成水线，所以水淹速度仍很快，且难以调整。例如安塞油田坪桥区和王窑区开发初期，以 250~300m 正方形反九点法井网投入开发，井排方向与裂缝走向错开 45°。由于裂缝较发育，致使裂缝两侧压力差异较大。

（3）采用菱形反九点法井网或矩形井网

针对低渗透油藏开发基本特点，结合现场实验，提出注水井排方向与裂缝方向平行的菱形反九点法井网。

安塞油田王窑区西部王 25-05 井组和相邻的王 22-03 井组地质条件、压裂规模相同，前者采用 165m×550m 的菱形井网，后者采用 300m×300m 正方形井网。统计表明王 25-05 井组比王 22-03 井组见效比例高出 12.5%，平均每年含水上升速度低于 3.0%，由此可见，菱形井网好于正方形井网。

1.2.2　合理井网的探讨

低渗透油藏由于储层致密，实现有效注水开发往往与裂缝密切相关，由于油藏本身发育裂缝，致使基质和裂缝渗透率之间存在强烈差异和各向异性。从两个方面对低渗透油藏开发合理井网分析。

为尽量避免油水井发生水窜，必须要考虑沿裂缝线性注水，即注水井排与裂缝走向一致，这样因为注水井之间存在裂缝很快形成水线。注水井之间沿裂缝拉成水线后，随着注水量的不断增加，注入水会逐渐形成水墙而把基质里的油驱替到油井中去，这样可防止油井发生暴性水淹，并获得较大的波及面积。

注水井井距一般应大于油井井距，也应大于注水井与油井之间的排距。在沿裂缝线性注水情况下，若注水压力稍高于岩石破裂压力，裂缝可保持开启状态，在强烈的渗透率级差和各向异性作用下，注水井排很快拉成水线，若井排距差异不大，注水能力富余而油井见效又不明显。若采用注水井井距大于油井井距和排距的不等距井网，则注水井能力充分发挥注水能力，油井又可以比较明显见到注水效果，从而使油井保持较高的产能。

根据以上分析，低渗透油田开发合理井网应该是不等井距的沿裂缝线性注水井网。采用这种井网不仅能获得较高的产量，同时由于注水井距加大使总井数比正方形井网少，保持了较高的油水井数比，获得了较好的开发效果和经济效益。

1.2.3　部署合理井网的建议

（1）加强储层砂体和构造特征的预测

低渗透油田取得好的开发效果，一般要使水驱控制程度达 70% 以上。由于低渗透油藏沉积条件和储层物性差，导致砂体发育连续性差和油水关系复杂，给注采井网部署增加了难度。只有对断层及微幅度构造的识别和预测提高，深化区域沉积和构造发育史的研究，才能为准确预测砂体发育状况和地应力方向奠定基础。

（2）搞清地应力主方向

不等井距线性注水井网由于注水井排与采油井排距比井距小，因而裂缝方向即便是相差很小的角度，也会造成水窜，所以采用布井方案的前提是必须准确搞清裂缝的方向。所获得的裂缝方向都是有限个"点"的数据，要获得某一区域平面上主应力方向分布一般借助数值模拟技术或是采用地应力方向的内插和外推方法。

（3）确定基质渗透率和裂缝渗透率的比值

不等井距线性注水井网的井距和排距的大小主要取决于基质渗透率和裂缝渗透率的比值。因此，应在综合考虑油井产能、油藏埋藏深度、油层和隔层分布及油藏基质渗透率大小情况下做出压裂优化设计，在压裂优化设计基础上确定出基质渗透率和裂缝渗透率比值。

（4）确定油藏的启动压力梯度值

合理的注采井排距必须建立有效的驱替压力系统。实验表明，低渗透储层中油气水流体具有非达西流特征，存在启动压力梯度。在注水开发过程中，要保证油层中任意点驱动压力梯度均大于启动压力梯度，才能建立起有效的注采驱动压力体系。

1.3 注入水源

1.3.1 油田注水水质标准

不同的行业，不同的应用领域，对所用水源水质有相应的要求。油田注水的目的是通过一系列注水管网、注水设备及注水井将水注入进层，使地层保持能量，提高采油速度和原油采收率。因此，油田注水的水质要求有其特殊性，在水质指标方面，与其他行业的侧重点不同。根据油田注水的特殊用途，对油田注水水质的要求或油田注水水质处理应达到的指标主要包括以下三个方面。

（1）注入性

油田注入水的注入性是指注入进层（储层）的难易程度。在储层物性（如渗透率、孔隙结构等）相同的条件下，悬浮固体含量低、固相颗粒粒径小、含油量低、胶体含量少的注入水易注入地层，其注入性好。

（2）腐蚀性

注水井在油田注水的实施过程中，在地面，涉及注水设备（如注水泵）、注水装置（如沉降罐、过滤罐等）、注水管网；在地下，涉及注水井油套管等，这些设备、管网、装置等大多是金属材质。因此，注入水的腐蚀性不仅会影响注水开发的正常运行，而且还会影响油田注水开发的生产成本。

影响注入水腐蚀性的主要因素有：pH 值、含盐量、溶解氧、CO_2、H_2S、细菌和水温。

（3）配伍性

油田注入水注入地层（储层）后，如果作用结果不影响注水效果或不使储层的物理性质如渗透率变差，则称油田注入水与储层的配伍性好，否则，油田注入水与储层的配伍性差。

油田注入水与储层的配伍性，主要表现为结垢和矿物敏感性两个方面，它们都会造成储层伤害，影响注水量、原油产量及原油采收率。

1.3.2 油田注水水质指标

（1）悬浮物

一方面，注入水中的悬浮物会沉积在注水井井底，造成细菌大量繁殖，腐蚀注水井油套管，缩短注水井使用寿命；另一方面，造成注水地层堵塞，使注水压力上升，注水量下降，甚至注不进水。

从理论上讲，注入水中悬浮物（固体）的含量越低、粒径越小，其注入性就越好，但其处理难度就越大、处理成本也就大增加。所以，注入水中悬浮物（固体）的含量以及粒径大小指标应从储层实际需要、技术可行性与经济可行性三方面来综合考虑。

（2）油分

注入水中的油分产生的危害与悬浮固体类似，主要是堵塞地层，降低水的注入性。油田污水中的油分按油珠粒径大小可分为四类：浮油、分散油、乳化油和溶解油。

（3）平均腐蚀率

注水开发过程是一个庞大的系统工程，涉及金属材质的设备、管网、油套管等数量众多，投资巨大。国内外注水开发油田实践表明，减缓注入水的腐蚀性，对于提高油田注水开发的经济效益意义重大。

（4）膜滤系数

注入水膜滤系数的大小与许多因素有关。如悬浮物（固体）的含量以及粒径大小、含油量、胶体与高分子化合物浓度等。膜滤系数越大，注入水的注入性就越好。

（5）溶解氧

在油田产出水中本来仅含微量的氧，但在后来的处理过程中，与空气接触而含氧。浅井中的清水、地表水含有较高的溶解氧。

（6）二氧化碳

在大多数天然水中都含有溶解的 CO_2 气体。油田采出水中 CO_2 主要来自三个方面：①由地层中地质化学过程产生；②为提高原油采收率而注入 CO_2 气体；③采出水中 HCO_3^- 减压、升温分解。

（7）硫化氢

在油田水中往往含有硫化氢，它一方面来自含硫油田伴生气在水中的溶解，另一方面来自硫酸还原菌分解。

（8）细菌

在适宜的条件下，大多数细菌在污水系统中都可以生长繁殖，其中危害最大的为硫酸还原菌、黏泥形成菌(也称腐生菌或细菌总数)以及铁细菌。

1.3.3　注入水的基本要求及水质标准

1.3.3.1　油藏注水水质标准

① 水中总铁含量要求不大于 0.5mg/L。

② 固体悬浮物浓度及颗粒直径指标见表 1-2。

表 1-2　固体悬浮物浓度及颗粒直径指标

注入渗透率/μm^2	固体悬浮物浓度/(mg/L)	颗粒直径/μm
<0.1	≤1	≤2
0.1~0.6	≤3	≤3
>0.6	≤5	≤5

③ 注入水中游离二氧化碳不大于 10mg/L。

④ 注入水含油指标见表 1-3。

表 1-3　注入水含油指标

注入层渗透率/μm^2	含油浓度/(mg/L)
≤0.1	≤5
>0.1	≤10

⑤ 对生产及处理设备流程的腐蚀率不大于 0.076mm/a。

⑥ 注入水溶解氧控制指标见表 1-4。

表 1-4　注入水溶解氧控制指标

总矿化度/(mg/L)	溶解氧浓度/(mg/L)
>5000	≤0.05
≤5000	≤0.5

⑦ 二价硫含量不大于 10mg/L。

⑧ 腐生菌(TGB)和硫酸盐还原菌(SRB)控制指标见表 1-5。

表 1-5 腐生菌(TGB)和硫酸盐还原菌(SRB)控制指标

注入层渗透率/μm²	TGB/(个/mg/L)	SRB/(个/mg/L)
<0.1	<10²	<10²
0.1~0.6	<10³	<10²
>0.6	<10⁴	<10²

⑨ 堵在管壁设备中的沉淀结垢要求不大于 0.5mm/d。

⑩ 滤膜系数指标见表 1-6。

表 1-6 滤膜系数指标

注入层渗透率/μm²	MF 值
<0.1	≥20
0.1~0.6	≥15
>0.6	≥10

1.3.3.2 油藏注水类型

1）地层水

油、气田水的化学成分非常复杂，所含的离子种类甚多，其中最常见的离子有：

阳离子：Na^+、K^+、Ca^{2+}、Mg^{2+}；阴离子：Cl^-、HCO_3^-、CO_3^{2-}、SO_4^{2-}。

其中以 Cl^-、Na^+ 最多，SO_4^{2-} 较少。在淡水中 HCO_3^- 和 Ca^{2+} 占优势，在盐水中 Cl^-、Na^+ 居首位。在油、气田水中以 NaCl 含量最为丰富，其次为 Na_2CO_3 和 $NaHCO_3$、$MgCl_2$ 和 $CaCl_2$ 等。

油、气田水中还常含有 Br^-、I^-、Sr^{2+}、Li^+ 等微量元素以及环烷酸、酚及氮、硫的有机化合物等有机质。

2）油田污水

油(气)田水与石油、天然气一同被开采出来后，经过原油脱水工艺进行油水分离形成原油脱出水，天然气开采过程分离出游离水，这两部分共称为产出水。产出水保持了油(气)田水的主要特征，由于其具有高含盐、高含油的特性，直接外排将会造成环境污染，因此，产出水通常又叫油田污水。实际上，油田污水不仅仅是油田产出水，还包括了石油、天然气勘探、开发、集输等生产作业过程中形成的各类污水,如钻井污水、油田酸化、压裂等作业污水以及注水管线、注水井清洗水等,但油田污水以产出水为主。

(1) 采油污水

来源:在油田开发过程中,为了保持地层压力,提高原油采收率,普遍采用注水开发工艺,即注入的高压水驱动原油并将其从油井中开采出来。经过一段时间注水后,注入的水将和与原油天然半生的地层水一起随原油被带出,随着注水时间的延长,采出流体含油率在不断下降,而含水率不断上升,这样变产生了大量的采油污水。

特点:由于采油污水是随着原油一起从油层中被开采出来的,又经过原油收集及出加工整个过程。因此,采油污水中杂质种类及性质都和原油地质条件、注入水性质、原油集输条件等因素有关,这种水是含有固体杂质、溶解气体、溶解盐类等多种杂质的废水。这种废水有以下特点:

① 水温高。一般污水温度在 50℃ 左右。个别油田有所差异,如北方油田为 60~70℃,西北油田为 30℃ 左右。

② 矿化度高。不同油田及同一油田不同的污水处理站其矿化度有很大差异,低的仅有数百毫克/升,高的达数十万毫克/升。

③ 酸碱度在中性左右,一般都偏碱性。但有的油田偏酸性,如中原油田采油污水的 pH 值一般在 5.5~6.5。

④ 溶解有一定量的气体。如溶解氧、二氧化碳、硫化氢等以及溶有一些环烷酸类等有机质。

⑤ 含有一定量的悬浮固体。如泥沙,包括黏土、粉沙和细沙;各种腐蚀产物及垢,包括 Fe_2O_3、CaO、FeS、$CaCO_3$、$CaSO_4$ 等;细菌,包括硫酸盐还原菌、腐生菌及铁细菌、硫细菌;有机物,包括胶质沥青质类和石蜡类等。

⑥ 含有一定量的原油。

⑦ 残存一定数量的破乳剂。

(2) 采气污水

来源:在天然气开采过程中随天然气一起被采出的地层水称为采气污水。

特点:与采油污水相比,采气污水较为"洁净",量也较少。

(3) 钻井污水

来源:在钻井作业中,泥浆废液、起下钻作业产生的污水,冲洗地面设备及钻井工具而产生的污水和设备冷却水等统称钻井污水。

特点:钻井污水所含杂质和性质与钻井泥浆有密切关系,即不同的油气田、不同的钻探区、不同的井深、不同的泥浆材料，在钻井过程形成的污水性质就不尽相同。一般钻井污水中的主要有害物质为悬浮物、油、酚等。

(4) 洗井污水

来源：专向油层注水的注水井，经过一段时间运行后，由于注入水中携带有未除净的或在注水管网输送过程中产生的悬浮固体(腐蚀产物、结垢物、黏土等)、油分、胶体物质以及细菌等杂物，在注水井吸水端面或注水井井底近井地带形成"堵塞墙"，从而造成注水井注水压力上升，注水量下降。需通过定期反冲洗，以清除"滤网"上沉积的固体及生物膜等堵塞物，使注水井恢复正常运行，从而便产生了洗井污水。

特点：洗井污水是一种水质极其恶化的污水，表现为悬浮物浓度高、铁含量高、细菌含量高、颜色深，而且含有一定量的原油和硫化氢。

(5) 油田作业废水

来源：在原油、天然气的生产过程中，为提高原油、天然气的产量，通常要采用酸化、压裂等油田作业措施，在这过程中也会形成一定量的废液或污水。

特点：这类废液或污水在油田污水中所占的比例不是很大，但由于其水质极为特殊、恶化，因而，处理起来十分棘手。这类废液具有以下特点：①悬浮物含量高，颜色深；②含有一定量的残酸，水体呈酸性；③铁含量高；④胶体含量高；⑤油分含量高；⑥含有多种化学添加剂。

1.3.3.3 污水中的五种机杂

(1) 悬浮固体

其颗粒直径范围取 $1 \sim 100 \mu m$，因为大于 $100 \mu m$ 的固体颗粒在处理过程中很容易被沉降下来。此部分杂质主要包括：

泥沙：$0.05 \sim 4 \mu m$ 的黏土，$4 \sim 60 \mu m$ 的粉沙和大于 $60 \mu m$ 的细沙。

腐蚀产物及垢：CaO、MgO、FeS 等。

细菌：硫酸盐还原菌(SRB)$5 \sim 10 \mu m$，腐生菌(TGB)$10 \sim 30 \mu m$。

有机质：胶质沥青类和石蜡等重质石油。

(2) 胶体

胶体粒径为 $1 \times 10^{-3} \sim 1 \mu m$，主要由泥沙、腐蚀结垢产物和微细有机物构成，物质组成与悬浮固体基本相似。

(3) 分散油及浮油

油田污水中一般含有 $2000 \sim 5000 mg/L$ 的原油，其中 90% 左右为 $10 \sim 100 \mu m$ 的分散油和大于 $100 \mu m$ 的浮油。

（4）乳化油

油田污水中有 10% 左右的 $1\times10^{-3}\mu m$ 的乳化油。

（5）溶解物质

无机盐类，基本上以阳离子或阴离子的形式存在，其粒径都在 $1\times10^{-3}\mu m$ 以下，主要包括 Na^+、K^+、Cl^-、CO_3^{2-}、SO_4^{2-}、Mg^{2+} 等，此外还包括环烷酸类等有机溶解物。

溶解气体，如溶解氧、二氧化碳、硫化氢等，其粒径一般为 $3\times10^{-4}\sim$ $5\times10^{-4}\mu m$。油田污水由于含有上述有害物质，如不进行治理就排放出去将会对环境产生严重的影响：漂浮在水面上的原油将隔绝空气，降低水中的溶解氧，并黏附于水生生物体表和呼吸系统，将其致死。沉积于水底的油经过厌氧分解将产生硫化氢剧毒物。重质原油黏附于泥沙上，会影响水生生物的栖息和繁殖；油田污水中含有一些毒性大的有机物，会对水体及土壤造成污染；油田污水中的有机物和无机物是水中细菌的富营养物质，结果造成缓慢流动的水域水质恶化，变黑发臭；油田污水若污染了饮用水，其中的重金属元素进入人体后对脏腑产生严重损害；酸碱性的、高矿化度的油田污水，一旦灌入农田会导致农田酸碱化、盐碱化，使农作物难以生长。

1.4 注水系统

注水系统是由水源采水处理系统、注水站、注水管网、配水间和注水井等基本单元。

1.4.1 注水站

注水站的作用：一是为注水井提供设计要求的稳定的泵压，二是向注水井连续均匀地泵送水质合格的注水量。

注水站要接收水源来水；连续稳定的泵出高压注入水；水质检测合格和简易处理；注水干线计量等工作。

（1）注水规模和压力的确定

注水站规模是指该站高压泵送出的水量的大小。由油田产油量（地下体积）、产水量和注水井洗井、作业用水量、生活与环境用水来确定。

注水压力：取决于注水目的层吸水能力的大小。油层渗透率低，吸水能力低，要求的注水压力高。选取有代表性的注水井进行试注，待注水量与注水压力稳定后，其注水井底压力即油层注水压力。

同时还要注意两点：一是多油层合注水时，应以主力油层能完成配注水量压力为依据，并且这时的井底注入压力不得等于或大于油层的破裂压力；二是地形起伏较大的地区，要考虑到注水站和注水井之间位置的高差的影响。

（2）注水泵

注水站主要设备：高压注水泵和大型电动机。

高压注水泵包括：电动高压多级离心泵；电动柱塞泵；燃气轮机驱动高速离心泵。

（3）泵效测算

流量法：
$$\eta = \frac{0.278(p_2-p_1)Q}{p} \times 100\%$$

微温差法：适应于扬程高于 1000m 的离心泵。

$$\eta = \frac{\Delta p}{\Delta p + 4.18(\Delta t + \Delta t_s)}$$

1.4.2 配水间与注水井

（1）配水间

作用：将注水干线来水通过分水器分流到配水间所辖各注水井；完成单井注水量，注水压力的计量和控制；单井的洗井作业。

配水间分水器上的压力，就是该配水间各注水井实际得到的注水泵压。

水量可用垂直螺翼高压干式水表或 CW-430 型流量计计量。

（2）注水井

KYS25/65 型采油树，强度试压 50MPa，工作压力 25MPa，通径 65mm。

七阀式井口；简化注水井口有五阀式、四阀式和三阀式。

1.5 分层注水工艺

油田分层注水工艺，是石油开采中经常采用的技术，随着石油工业的发展，油田分层注水技术得到了高效的应用，有利于提升油田开采的水平，体现分层注水工艺技术的实践性，保障油田开采的顺利进行。

油田分层注水工艺，可以形成不同的油层段，在此基础上，调整分层注水的方法，降低油田开采时的注水压力，以便提高油田的渗透率。分层注水工艺技术，适用于油田的复杂环境中，表明了此项技术的应用价值。

1.5.1　油田分层注水工艺技术分析

油田开采时，分层注水工艺的应用，主要是根据油田的条件，提供大量注水、少量注水、不注水的辅助条件，促使原油能够快速地从油层中渗透。分层注水技术，主要应用到油田开采的中期、后期，因为油层内部的差异很大，所以分层注水技术必须在了解油层特征以后，才能开展应用。分层注水要考虑到油田开采的压力条件，以便提升驱油的技术效益。

分层注水工艺技术，其可按照油田开采区，不同油层的特征，包括压力、饱和度等，规划出对应的注水层，注意分析油田中，分层注水与出油段的关系，确保分层注水在油田开采中的稳定性，以免产生压力作用而干预油田开采。分层注水工艺，维护了油田储油量，此类工艺技术的应用，提升油田采收的效率，利用分层注水的方式，掌握油田内，各个油层与渗透的关联性。

1.5.2　油田分层注水工艺技术应用

油田分层注水工艺技术的应用，主要分为 3 个部分，分别是管柱技术、测试工艺和分层配注技术。结合油田的开采，分层注水工艺技术的具体应用如下：

（1）管柱技术

管柱是油田分层注水时的关键，运用管柱的方法，向油藏内注入水分。管柱结构不同，分层注水的效益也不同，常见的管柱技术有 3 种：①同心式的注水方式，油田的注水井内，并排放置两根油管，专门用于运输操作，封闭的隔离器，上下层要分割开，外管连接着密封插管，确保内外稳定相连，为了提高同心式注水管的工作效率，还要在外管内，增加一个内管，在下层结构注水，内管固定或者活动，依据现场的情况确定；②偏心式的注水方式，其在油田分层注水工艺中，配水器和油管线，中心并重合，此类方法能够灵活的调节油层中的水位、水量信息，操作期间，配置封隔器，提升管柱技术的工艺水平；③新型注水管柱技术，经过油藏开发发展后，产生了此类管柱技术，油藏内，存储物有着明显的差异，部分区域的油藏非常薄，介质分布不均匀，采用新型注水管柱技术，在注水井内，搭建倾斜式的注水方法，满足油藏开采的需求。

（2）测试工艺

油田分层注水后，安排测试工艺，保障注水在油藏中的精准度，确保分层注水的使用量，能够符合规范标准。油田分层注水时，测试工艺中的技术有：①测试时，运用定位、识别的方法，提高注水的实践水平；②测试时，安排好井下的实验操作，确保油田分层注水的流量值，测试期间不能影响油层内的压力，控制好流量误差；③测试地面注水结构，如有数据需要，直接更换出水嘴，调整好每个油层的注水量；④油田分层注水测试工作中，选择先进的测试仪器，比较常见的是电子压力验封计，在测试的过程中，就可以调节油田各层的注水量，简化了分层注水的工艺操作。

（3）分层配注

分层配注的过程中，先要分隔油田层，采用封隔技术，划分油田中的注水层，隔离配水器与水层。分层配注的过程中，要调节好具体的配水量，相关的工艺技术有：①注水井分层后，收集测试的资料，经过整理后，绘制出分层配注的曲线；②绘制曲线中，计算出油层的注水量，把控整个注水井中的水量，避免出现配注误差；③计算分层配注时，各个层段的注水量，做好现场监督的工作；④根据计算的数据，准确地向注水井内配注水量，所有的配注过程都要符合计算的标准。

1.5.3　油田分层注水工艺技术发展

油田分层注水工艺技术是现代石油行业中比较关注的一项技术。我国石油资源的消耗量非常大，开采的过程中，形成了很大的浪费，为了提高油田开采的效率和质量，采用分层注水工艺技术得到了有效的实践。后期发展中，分层注水工艺技术要满足油田的根本需求，近几年，油田的开发难度逐渐增大，油田内的变化因素非常多，直接增加了分层注水工艺实施的困难度，正是由于开发与工艺方面的压力，在分层注水工艺技术的发展过程中，形成了一定的推动力，以此来推进分层注水工艺技术的发展，确保分层注水工艺技术可以根据油田分层时的影响因素，包括环境、地质等，做出有效的控制，未来发展中，充分发挥出分层注水工艺技术的经济效益与社会效益。

油田分层注水工艺技术中，其可提高油藏的开采水平，分层注水工艺实施的过程中，控制好注水的用量，同时配置好相关的技术设备，为油田的分层注水工艺，提供可靠的支持，完善油田分层注水开采的环境，进而保障油田开采的积极性，维护分层注水工艺技术的有效应用。

第2章

超低渗油藏地质特征

2.1 地质概况

2.1.1 区域沉积背景

鄂尔多斯盆地是我国东部中、新生代一个稳定沉降、坳陷迁移的多旋回克拉通边缘盆地,原本属大华北盆地的一部分,中生代后期逐渐与华北盆地分离,并演化为一大型内陆盆地。受印支运动影响,鄂尔多斯盆地遭受了有史以来的重大变革。在沉积上出现了由海相、过渡相向陆相的根本性转变,使盆地自晚三叠世以来发育了完整和典型的陆相碎屑岩沉积体系,盆地演化进入了大型内陆沉积盆地的形成和发展时期。三叠系上统延长组是在鄂尔多斯盆地坳陷持续发展和稳定沉降过程中沉积的,以河流-湖泊相为特征的陆源碎屑岩系,湖盆发育到延长组第三段(T3y3)初期达到鼎盛,湖进范围可到达盆地北部横山-乌审旗一线。之后,随着河流的不断注入充填,湖盆逐渐萎缩。晚三叠世末,印支运动使盆地抬升露出水面,因风化侵蚀及季节性洪水的冲刷,延长组顶部受到强烈侵蚀切割,形成了沟谷纵横的丘陵地貌。

鄂尔多斯盆地的形成及延长组的沉积演化受外围隆起和六个水系区带控制。前人通过盆地沉积体系的研究表明:鄂尔多斯延长组长8油层组是在长9油层组的基础上盆地进一步坳陷扩张的过程。西部和西南部因强烈沉陷,冲积扇和辫状河入湖后即成为扇三角洲和辫状河三角洲。而北部和东部坡度较为平缓,曲流河进入浅湖后则演变为曲流河三角洲。鄂尔多斯盆地在晚三叠系延长期为一大型内陆淡水湖盆,经历了完整的湖进-湖退过程。在长6期盆地沉降速率逐渐减小,湖盆开始收缩,沉积补偿大于沉降,沉积作用大大加强,是湖泊三角洲主要建设期,周边的各种三角洲迅速发展,整个湖盆从此进入逐渐填实、收敛、直到最后消亡的时期。三角洲规模远强于长7以前的各个时期,砂体连片。深湖区砂体较发育,沉积了较大规模的深水重力流沉积砂体。

2.1.2 区域地理及自然条件

姬塬油田油气勘探开采区域位于陕西省定边县、吴起县,甘肃省环县、华池县与宁夏回族自治区盐池县境内,面积约9792.64km²。区内地表属典型的黄土塬地貌,地形起伏不平,地面海拔1350~1850m,相对高差500m左右(图2-1)。

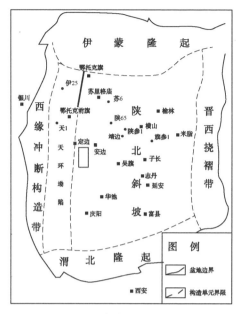

图 2-1 鄂尔多斯盆地构造图

本区属内陆干旱型气候，最低气温-25℃，最高气温35℃，年平均气温约10℃，年平均降水量570mm左右，多集中在7、8月份，且以地表径流的方式排泄。地下水资源较为丰富，主要含水层位有白垩系的环河组、华池组、宜君洛河组，其中部分地区饮用水为环河组，单井产水量一般小于200m³/d，矿化度在2g/L左右；工业用水为洛河组，单井产水量300~500m³/d，矿化度在3~5g/L左右，水质较差。

区内交通较为便利，砂石公路横贯南北。当地经济主要以农、牧业为主，自然条件差，无支柱工业，是国家重点扶持的"老、少、边、穷"地区。

2.2 油藏构造

鄂尔多斯盆地北起阴山，南抵秦岭，东迄吕梁山，西达腾格里沙漠，为我国第二大沉积盆地，面积约37×10⁴km²，行政区属陕、甘、宁、内蒙古、晋五省自治区。除外围的河套、银川、巴彦浩特、六盘山、渭河等中新生代断陷盆地外，本部南北长约700km，东西宽约400km，总面积约25×10⁴km²。盆地周边群山环绕，区内以长城为界，北部为干旱沙漠草原区，南部为半干旱黄土高原区，沟谷纵横，地形复杂。

鄂尔多斯盆地是一个比较稳定沉降、坳陷迁移的多旋回沉积盆地，属大华北盆地的一部分，中生代后期逐渐与华北盆地分离，并演化为一大型内陆盆地(孙国凡，1986；杨俊杰，2002)。三叠纪总体为一西翼陡窄东翼宽缓的不对称南北向矩形盆地。盆地边缘断裂褶皱较发育，而内部构造相对简单，地层平缓(倾角一般不足1°)。根据盆地基底性质、现今构造形态及特征，鄂尔多斯盆地可划分为伊盟隆起、渭北隆起、晋西挠褶带、伊陕斜坡、天环凹陷及西缘逆冲带六个二级构造单元，三级构造以鼻状褶曲为主，而幅度较大、圈闭较好的背斜构造基本不发育。目前发现的油田90%以上位于伊陕斜坡。

盆地本部构造相对较为简单，晚三叠纪延长组的沉积主要受盆地外围隆起区基岩类型、盆地演化时的动力学背景与边界特征等因素控制。

姬塬油田区域构造位于陕北斜坡中段西部，构造平缓，为一宽缓西倾斜坡，构造平均坡度小于1°，平均坡降6~7m/km。在这一区域背景上发育近东西向的鼻状隆起。对研究区长8油藏而言，构造对油气圈闭控制作用较小，油气圈闭主要受岩相变化和储层物性变化控制(图2-2)。

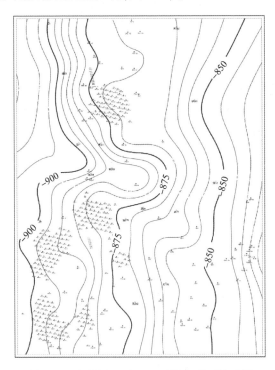

图2-2　姬塬油田池335区长8_1顶面构造图

2.3 层系及沉积微相

2.3.1 地层发育概况

在印支运动作用下，延长期鄂尔多斯盆地的边缘同生断裂构造活动发育，盆地内三级构造不发育。差异运动导致盆地形成东高西低、北高南低并向南倾斜幅度较大，盆地南部和西南部边缘多次发生的同生断裂对盆地基底地形、边界性质、斜坡上沉积相类型以及沉积层序特征等均有明显的影响和控制作用，造成了延长组在同一区带不同层段和同一层段不同区带之间沉积物形成时的沉积环境、搬运形式、沉积机理存在差异，并且导致形成了不同的沉积体系类型和沉积相序，相应的碎屑组分也有变化。

延长期盆地内总体沉积了一套灰绿色、灰色中厚层细砂岩、粉砂岩和深灰色、灰黑色泥岩地层，下部以中、粗河流相砂岩沉积为主，中部为一套湖泊-三角洲沉积，上部为河流相砂泥岩沉积。延长组的粒度总体上北粗南细，其厚度北薄南厚，厚度在800~1500m左右，最厚地层在盆地西南边缘的汭水河剖面为1500m。岩性呈明显的韵律变化，并发育多期旋回性，这些变化在区域上有较强的可对比性，依据延长组中凝灰岩、页岩、碳质泥岩或煤线等标志及其在测井曲线上的变化特征将延长组自下而上细分为十个油层组(表2-1)。

长10油层组：主要为一套河流相灰绿色、肉红色厚层状中、粗粒长石砂岩夹深灰色泥岩。砂岩中富含浊沸石和方解石胶结物，表面上呈不均匀的斑点状，地层厚度一般250~350m。

长9油层组：盆地边缘下段为一套厚层状中细粒长石砂岩夹灰绿色-深灰色泥岩，上段为深灰色泥岩、碳质泥岩夹油页岩或夹薄层粉细砂岩，或者二者不等厚互层，盆地西部和东南部的沉积中心主要发育有厚层黑色炭质泥岩夹油页岩，代表剖面有李家畔页岩、黄龙页岩等。

长8油层组：盆地绝大部分区域由上、下两套巨厚层河流相和三角洲平原亚相浅灰色中砂岩-细砂岩韵律层组成，层理构造发育，中间夹薄层泥岩以及暗色泥岩，是镇北、西峰、合水地区的主力勘探目的层之一。在盆地西南部沉降中心主要发育厚层泥岩与薄层砂岩互层。在盆地东部子长、延川等地的河道砂岩中有大量泥砾。

长7油层组：长7期是湖盆发展演化的鼎盛时期，全区湖水伸展范围最大，以浅湖-深湖相沉积为主,典型岩性有灰黑色泥页岩、油页岩(俗称张家滩页岩)属于延长组的主要生油岩系,区域对比性强,根据标志层和岩性变化规律可将长7油层组分为长7_3、长7_2、长7_1三个沉积旋回序列,其中长7_3为主要生油岩系。

长6油层组:在盆地演化过程中是沉积物充填高峰期之一,无论是盆地东北的曲流河三角洲沉积,或者是盆地西南的辫状河三角洲沉积,均为强进积建设期,自下而上可以分为长6_3、长6_2、长6_1三个沉积旋回序列,每个旋回由砂岩、粉砂岩以及泥岩组成,其中镇北地区以长6_3三角洲前缘厚层砂体最为发育,是镇北地区的主力勘探目的层之一。

表2-1 延长组地层划分表

地层单元				地层厚度/m	岩性特征	标志层及位置
系	组	段	油层组			
第四系				216	黄灰色、土黄色黄土、亚黏土	
白垩系	洛河组			661	橘红色块状交错层砂岩,局部夹粉砂岩	
侏罗系	安定组			104	紫红色泥岩,底部有灰黄色细砂岩,顶部有泥灰岩	
	直罗组			234	上部岩性为灰绿、深灰色泥岩与灰白色中砂岩互层;下部为灰色泥岩与灰白、灰色泥质砂岩,中细砂岩呈不等厚互层	
	延安组		延4+5	53	灰、深灰、灰黑色泥岩、砂质泥岩、炭质泥岩、灰白色粗~细砂岩间煤层	
			延6	21	灰、深灰、灰黑色泥岩、砂质泥岩、炭质泥岩、灰白色粗~细砂岩间煤层	
			延7	31	灰、深灰、灰黑色泥岩、砂质泥岩、炭质泥岩、灰白色粗~细砂岩间煤层	
			延8	24	灰褐色油侵粗砂岩	
			延9	28	灰褐色油斑中砂岩	
			延10	53		

地层单元				地层厚度/m	岩性特征	标志层及位置
系	组	段	油层组			
三叠系	延长组	t_{3y5}	长1	0~240	暗色泥岩、泥质粉砂岩、粉细砂岩不等厚互层，夹炭质泥岩及煤线	K9
		t_{3y4}	长2 长2₁	53	灰绿色块状细砂岩夹暗色泥岩	
			长2₂	26	浅灰色细砂岩夹暗色泥岩	K8
			长2₃	60	灰、浅灰色细砂岩夹暗色泥岩	K7
			长3	100~110	浅灰、灰褐色细砂岩夹暗色泥岩	K6
			长4+5	80~110	浅灰色粉细砂岩与暗色泥质岩互层	K5
		t_{3y3}	长6 长6₁¹	6.5~18.0	黑色泥岩、粉砂岩、中-细砂岩互层，砂岩主要产于中部，局部夹炭质页岩和煤线	K4
			长6₁²	10.0~30.0	粉砂岩、中-细砂岩互层，中-厚层状为主	
			长6₂¹	15~25	黑色泥岩、粉砂岩、中-细砂岩互层，砂岩主要产于中下部，以中-厚层状为主	
			长6₂²	10月20日	黑色泥岩、粉砂岩、中-细砂岩互层，砂岩主要产于中部，以中-厚层状为主	K3
			长6₃¹	20.5~27.3	黑色泥岩与粉砂岩互层，中、上部夹较多的薄-中层状细砂岩	
			长6₃²	14.5~23.9	黑色泥岩、炭质页岩夹粉砂岩，局部夹中-厚层细砂岩	K2
			长7	80~100	暗色泥岩、炭质泥岩、油页岩夹薄层粉细砂岩	K1
		T_{3y2}	长8	70~85	暗色泥岩、砂质泥岩夹灰色粉细砂岩	
		T_{3y1}	长10	280	灰色厚层块状中细砂岩，底部粗砂岩	K0
			纸坊组		灰紫色泥岩、砂质泥岩与紫红色中细砂岩互层	

长 4+5 油层组：分长 $4+5_2$ 和长 $4+5_1$ 两段，划分标志层的电性特征有高声波时差、高自然伽马、高自然电位、低密度、低电阻率及尖刀状扩径。其声波时差、自然伽马、密度曲线之间对应关系良好，高声波时差与低密度、高自然伽马相匹配。岩性为黑色泥页岩，水平层理发育。盆地边缘长 $4+5_2$ 主要为三角洲平原亚相中砂岩沉积，盆地内部主要发育三角洲前缘亚相粉细砂岩沉积，泥岩厚度明显增大，泥岩与砂岩互层。长 $4+5_1$ 期湖盆有一定扩张趋势，盆地边缘主要为灰黑色泥岩与浅灰色粉-细砂岩互层，局部夹煤线，盆地内部由三角洲前缘亚相的粉细砂岩和湖相泥岩组成。

长 3 油层组：由于湖水迅速退缩变浅，盆地边缘碎屑物大量加积和进积充填，在盆缘及盆内大部分地区形成进积式曲流河三角洲，三角洲平原分流河道砂体特别发育，砂岩粒度细，泥质含量较高，泛滥沼泽和残留湖泊洼地暗色泥岩、碳质泥岩广布。根据砂岩粒度以及泥岩沉积韵律变化可将长 3 油层组分为长 3_3、长 3_2、长 3_1 三个沉积旋回序列。

长 2 油层组：由于湖盆水体进一步变浅，河控性三角洲平原亚相大面积分布，分流河道砂体较发育。河流沉积迁移过程中自下而上也可以形成长 2_3、长 2_2、长 2_1 三个沉积旋回，造成碎屑岩粒度和岩性的层序变化，其中大部分地区测井剖面表现为正韵律层序，部分井区因河流迁移以及相变呈反旋回。

长 1 油层组：因晚三叠世湖盆处于衰亡阶段，盆地分解，主要形成灰黑色、深灰色泥岩、碳质泥岩、煤层与浅灰绿色粉-细砂岩互层河湖沼泽相沉积。由于延长末期盆地被抬升和前侏罗纪古河的下切侵蚀作用使研究区长 1 地层残缺不全。

2.3.2 地层层序划分与对比

地层层序划分与对比主要以层序地层学、现代沉积学等地质知识作为基础，综合分析研究区内岩芯、测井及动态资料来进行地层划分。

2.3.2.1 地层对比原则和思路

（1）地层划分对比的目的和意义

地层学的主要任务是研究成层岩系的时空关系及其分布规律。岩石地层、生物地层和年代地层是地层学的三大要素。对于油气开发而言，建立小层级别的等时地层单元，是开展沉积微相研究，精细描述单层砂体的宏观和微观非均质性基础，并进一步认识油气空间分布规律，为姬源油田池 335 区长 8 油藏精细描述，开发方案调整，提高采收率，优化油气藏开发管理提供依据。

（2）地层划分对比的理论依据及方法

由于岩石地层单元穿时的特点，使得人们在使用地层对比成果时不能很好地研究地质问题，只有等时的地层单元才具有地质研究意义。地层对比过程中一般采用厚度-旋回法与高分辨率层序地层学法相综合的分析方法，厚度-旋回法是在对地层层段进行旋回分析、标准层分析以及地层厚度分析的基础上进行的；而高分辨率层序地层学法则是在对不同级别沉积旋回的成因分析的基础上，建立不同级别沉积旋回与不同级别地层基准面旋回之间的响应关系，以中级旋回（对应准层序组）作为砂层组的划分依据，以小旋回作为（对应准层序）小层的划分依据。采用这两种方法综合进行小层的划分对比，着重考虑以下依据：

沉积旋回：沉积旋回是沉积应力周期变化而留下的具有一定变化规律的沉积产物。在大多数情况下，沉积应力周期变化是受沉积基准面周期变化的控制。沉积基准面的周期变化具有不同的级别。我们将控制一个相序或多个相序以相同的叠加方式组成的复合相序（在层序地层学上称为"准层序组"）称为中期旋回；将控制一个成因相（又成为"微相"）或多个成因上相关联的相序称为短期旋回。中期旋回可以利用 SP 曲线的外包络线形态来研究；短期旋回可以利用单砂体的 SP 曲线形态来研究。

标准层：标准层是指在地层剖面中厚度较薄，电性特征显著，分布稳定的细粒层段。如泥岩、油页岩、薄层的灰岩和白云岩、煤线、凝灰岩等。标准层一般具有等时性。因此，如果有较好的标准层，应充分地利用。一般来讲，标准层位于旋回的顶底部。

地层厚度：地层在沉积过程中，地层厚度的变化受沉积速率和沉积地形的控制。总体上地层的厚度是有规律的变化，不同的是这种变化是快还是慢。如果地层的厚度变化没有规律，大多数情况下是地层的划分存在问题。因此，在对比过程中，要充分地考虑到地层厚度的规律变化。

地层对比的过程是一个地质研究的反复过程。通过地层对比，搞清地层的展布特征，断层的分布、不整合、相变等地质特征。只有善于通过钻井、地质、地震等资料的综合分析，才能达到建立油田地层模型的目的。在进行储层层次划分对比时，常用的对比标志是岩性特征、岩性组合特征、标准层特征及沉积旋回特征。

（3）地层的划分对比步骤

为了保持研究和生产的连续性，在原油层组不变的基础上，选取标志层，确定小层划分对比标准井，垂向上由油层组、砂岩组至小层逐级控制，平面上以沉积学为指导，以取心井为基础，应用各井地层电阻率、声波时差、自然电位和自然伽马四条测井曲线。由点到线至面，进行储集层对比。从沉积旋回、标志层、厚度、高分辨率层序地层学出发，以骨架剖面小层划分、对比为依据，对单井旋回划分进行调整，实现全油田范围内的分界线的统一，从相邻钻井开始，对其他钻井的对比工作逐一展开，通过反复对比调整。

按照小层划分的原则以及姬塬油田池335区长8油层组组沉积环境，采取了以下步骤对本区地层进行了划分。

① 资料选取。小层划分中广泛应用的资料是测井资料，但测井资料种类很多，因此必须在研究岩性和电性关系的基础上对众多测井曲线进行多信息综合分析后，精选出几种曲线作为层组划分及油层对比的工具，所选取的资料需要满足以下条件：能明显反映储层的岩性、物性、含油性特征；能明显反映各级旋回特征；能明显反映岩性上各个标志层的特征；能反映各类岩层的分界面；技术经济条件成熟，能大量获取，广泛应用，测量精度高；所选用的资料纵向比例一般应用1∶200较为适宜。

为了实现比较精确的小层对比及划分，所选资料为1∶200的测井综合图与测井校深综合图。在对比的过程中，主要参考了地层电阻率、声波时差、自然电位和自然伽马四条测井曲线。地层电阻率曲线能够反映油、气、水层，一般油气层的电阻率高于水层。声波时差曲线可用来划分岩层，在砂泥岩剖面中，一般砂岩显示为高声速（低时差），泥岩显示为低声速（高时差），页岩介于砂岩和泥岩之间，砾岩一般具有高的声速，且愈致密时差愈低。当一定类型的岩层，其孔隙度及岩性在横向上大致恒定时，时差曲线即可用来做地层对比，声波时差曲线的异常可以作为很好的标志层。自然电位是判断旋回最好的曲线，能比较清楚地反映各级旋回特征。用自然电位曲线划分砂层厚度，一般是小于或等于实际的砂层厚度，结合自然伽马曲线就能比较准确地反映各类储层的岩性。对于响应灵敏的自然伽马曲线来说，由于自然伽马曲线的计数率与岩层孔隙中所含液体性质无关，与地层水、泥浆矿化度无关，能很好地反映隔夹层，因此当进行油气水边界地带的地层对比时，可以比较容易地获得标志层。

当然，在实际工作中需要将这四条曲线和其他曲线有机结合起来，这样才能准确的进行地层对比和小层划分。

另外，为了确定短期基准面旋回，使用了岩性剖面。岩性剖面上最短期的地层旋回是在相序分析的基础上识别出来的，通过相序特征及其在纵向上相分异所表现的短期基准面旋回变化引起的可容纳空间的变化直接确定基准面旋回。

② 标准剖面和骨架网建立。由于陆相盆地储层发育的共同特点是岩性及厚度变化大，所以不同区块沉积相类型、剖面特征（厚度及岩性组合）差异极大，要单采用统一层组划分对比方案是难以做到的。因此需要在油田各个不同部位分别选择位置适当、录井、岩芯、测井资料比较齐全的井，在单井相分析的基础上划分旋回和层组，作为全油田对比和统一划分层组的出发井，即标准剖面。位于标准剖面上的井，比较均匀地分布在油田的各个部位或不同相区，作为层组划分的骨架网。通过骨架网的反复对比，确认对比标准层和对比原则，这一骨架网就可作为控制全工区对比的标准。

③ 确定标志层。标志层系指剖面中那些岩性稳定，厚度均匀，标志明显，分布范围广，测井曲线上易识别，与上下岩层容易区分出来的时间-地层单元，可以是一个单层或是一套岩性组合，也可以是一个界面。

在标志层的控制之下，结合岩性、沉积旋回、沉积相序组合特征、电性等特征综合考虑，才能得到比较正确的小层划分。显然，在剖面上标志层越多，分布越普遍，对比就越容易进行。有的标志层分布范围小，岩性或电性不太稳定时，可以选作辅助标志层，或作为小范围的标志层。因此，在确定了剖面和骨架网之后，就需要寻找标志层。

寻找标志层可以通过高收获率取芯井的岩芯上寻找岩性特殊，沉积稳定的标志层。一般在砂、泥岩剖面上可选厚度稳定的纯泥岩、页岩、油页岩或变化小的砂岩作标志层。在碳酸盐岩剖面上可选取泥灰岩、泥质灰岩或生物灰岩等特殊岩性作标志层。另一方面是通过各类岩性标准层在电测曲线上的响应特征，只有在电测曲线上有明显响应，易于识别的岩层才能作为储层对比的标志层。

2.3.2.2　地层划分及对比结果

在沉积旋回划分的基础上，将姬塬油田池 335 区长 8 油藏近 384 口探井、评价井和开发井的长 8 地层的反复对比，采用上述对比方法和划分原则，按照对比方案最终完成了研究区的地层划分和对比。

地层总厚度约 $80 \sim 90m$，以三角洲前缘水下分流河道砂体沉积为主。根据储层划分方案，长 8 段自下而上发育长 8_1、长 8_2 二个反旋回沉积序列。将长 8 油层组划分为两个砂层组长 8_1、长 8_2。

长 8_1 砂层组：厚度约为 $40 \sim 45m$，多层灰绿色、灰黑色粉砂岩、泥岩及其过渡类型。该段在电性特征上表现为自然电位曲线呈波状，在长 8_1 顶部泥岩中因含凝灰质而呈现较大的负异常，自然伽马曲线相对于自然电位曲线起伏更大，多呈指状负突起，顶部长 7 油页岩岩性特征明显，典型上具有尖齿状大井径、高声波时差、高自然伽马和高电阻等特征。

长 8_2 砂层组：厚度约 40~45m 左右，以灰色、灰白色、灰绿色、灰褐色及深灰色细粒、中细粒岩屑长石砂岩、长石岩屑砂岩、长石砂岩为主，夹有多层灰绿色、灰黑色粉砂岩、泥岩及其过渡类型。岩性与长 8_1 基本相同，但粒度相对于长 8_1 较粗。由于长 8_2 砂岩层较长 8_1 更发育，与长 8_1 地层相比，长 8_2 地层在电性特征上表现出自然电位和自然伽马曲线起伏均较大。

进一步将两个砂层组细分为 4 个小层，分别为长 8_1^1、长 8_1^2、长 8_2^1、长 8_2^2（表2-2）。

表 2-2 研究区小层划分方案

油层组	砂层组	小层
长 8	长 8_1	长 8_1^1
		长 8_1^2
	长 8_2	长 8_2^1
		长 8_2^2

本次分层对比在充分吸收和消化前人分层的基础上，采用标志层+等时旋回对比方法，由"点-线-面"，实现全区对比剖面闭合，完成地层对比与划分研究。在标准井的选取上，主要是在整个区域内选取均匀、标志层对比特征明显且广泛分布在不同相带和部位的井位，作为划分层组的标准井。如：池 335 井、池 250 井等作为标准井（图 2-2~图 2-3）。本次研究共识别出 1 套区域标志层，3 套辅助标志层。其中，区域标志层 K1：位于长 8_1 顶部，张家滩页岩，岩性为夹炭质泥岩和凝灰质泥岩；电性为高伽马、高时差、高电阻；全区分布稳定，钻遇率 100%；辅助标志层 1：位于长 8_1^1 底，为一套发育比较稳定的泥岩层，电性特征表现为高 GR、高 AC、高 SP、低 RT，全区钻遇率 90% 以上；辅助标志层 2：位于长 8_1^2 底界一套泥岩层，电性特征表现为高 GR、高 AC、高 SP、低 RT，全区钻遇率 99%；辅助标志层 3：位于长 8_2^1 底界一套泥岩层，电性特征表现为高 GR、高 AC、高 SP、低 RT，全区钻遇率 95%。

在单井划分模式的基础上，以工区内标准井作为骨架井，结合标志层特征等，建立骨架剖面 8 条，通过骨架剖面对比将划分结果扩展到全区，完成横 41 条，纵 41 条对比连井剖面，确保全区的统层闭合。从标准剖面可以看出：长 8_1 顶底及长 8_1^1 底、长 8_2^1 底四套标志层清楚区，在全区分布稳定，发育率高（图 2-4 和图 2-5）。

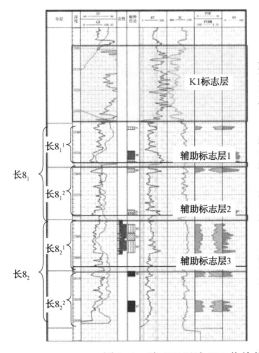

K1标志层:位于长8油层组顶部,张家滩;
页岩:夹炭质泥岩和凝灰质泥岩;
电性:高伽马、高时差、高电阻;
发育率:100%

辅助标志层1:位于长8₁¹底部;
电性:低RT、高AC、高GR、高SP;
发育率:90%

辅助标志层2:位于长8₁²底部;
电性:低RT、高AC、高GR、高SP;
发育率:99%

辅助标志层3:位于长8₂¹底部;
电性:低RT、高AC、高GR、高SP;
发育率:95%

图2-2 池335区池335井单井划分模式图

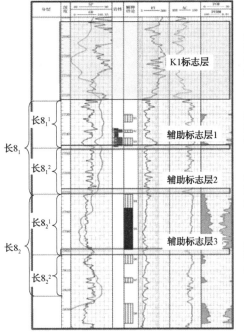

K1标志层:位于长8油层组顶部,张家滩;
岩性为夹炭质泥岩和凝灰质泥岩;
电性为高伽马、高时差、高电阻;
全区分布稳定

辅助标志层1:位于长8₁¹底部,是一套深灰色
泥岩;电性为低电阻率、高时差、高伽马。
全区范围分布稳定

辅助标志层2:位于长8₁²底部,是一套深灰色
泥岩;电性为低电阻率、高时差、高伽马。
全区范围分布稳定

辅助标志层3:位于长8₂¹底部,是一套深灰色
泥岩;电性为低电阻率、高时差、高伽马。
全区范围分布稳定

图2-3 池335区池250井单井划分模式图

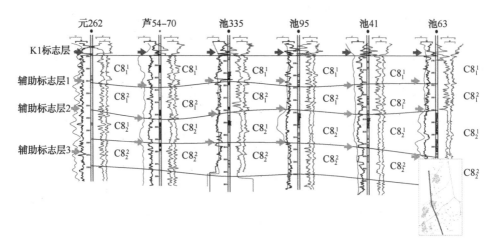

图 2-4　元 262 井~池 63 井南北向骨干对比剖面

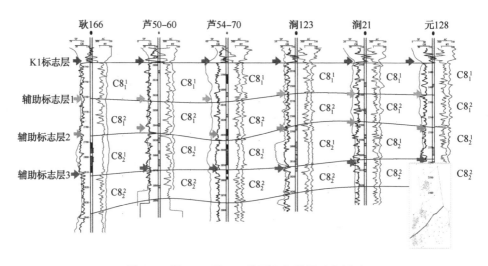

图 2-5　耿 166~元 128 井西东向骨干对比剖面

各小层地层对比结果来看：地层标志层清楚，地层发育稳定，平均地层厚度为 24m 左右，相对其他小层长 821 地层厚度相对较大为 26.81m，其他小层地层厚度在 23m 左右(表 2-3，图 2-6)。

在以上小层划分基础上，为更精细地研究储层内部特征，根据小层内沉积旋回，进一步将每个小层细分。其中，长 8_1^1 细分为长 8_1^{1-1}、长 8_1^{1-2}、长 8_1^{1-3}；长 8_1^2 细分为长 8_1^{2-1}、长 8_1^{2-2}、长 8_1^{2-3}；长 8_2^1 细分为长 8_2^{1-1}、长 8_2^{1-2}、长

8_2^{1-3}；长 8_2^2 细分为长 8_2^{2-1}、长 8_2^{2-2}、长 8_2^{2-3} 细分层，共计划分 12 个细分层（表2-4，图2-7）。

表 2–3　　池 335 区各小层地层厚度统计表　　　　　　　　　　m

层位	最大	最小	平均
长 8_1^1	15. 02	29. 77	23. 46
长 8_1^2	15. 32	30. 73	23. 19
长 8_2^1	17. 59	39. 96	26. 81
长 8_2^2	14. 15	33. 44	23. 50

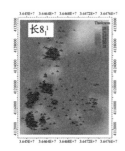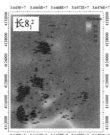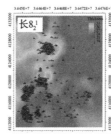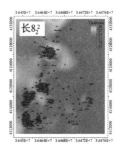

图 2-6　　池 335 区长 8 各小层地层厚度平面图

表 2–4　　研究区细分层划分方案

油层组	砂层组	小层	细分层
长 8	长 8_1	长 8_1^1	长 8_1^{1-1}
			长 8_1^{1-2}
			长 8_1^{1-3}
		长 8_1^2	长 8_1^{2-1}
			长 8_1^{2-2}
			长 8_1^{2-3}
	长 8_2	长 8_2^1	长 8_2^{1-1}
			长 8_2^{1-2}
			长 8_2^{1-3}
		长 8_2^2	长 8_2^{2-1}
			长 8_2^{2-2}
			长 8_2^{2-3}

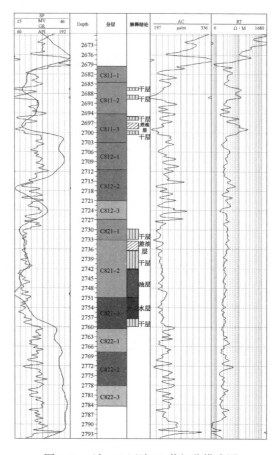

图 2-7 池 335 区池 96 井细分模式图

以单井细分方案的基础上，依据沉积旋回逐级、逐次控制，由点-线-面的统层原则，完成横 41 条，纵 41 条对比连井剖面，确保全区的统层闭合。（图 2-8~图 2-11）。

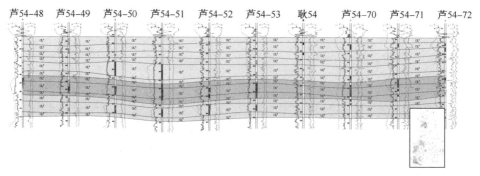

图 2-8　芦 54-48 井~芦 54-72 井西东向细分对比剖面图

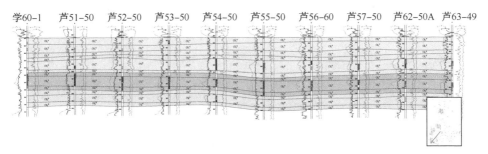

图 2-9　学 60-1 井~芦 63-49 井南北向细分对比剖面图

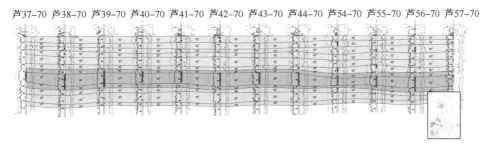

图 2-10　芦 37-70 井~芦 57-70 西东向细分对比剖面图

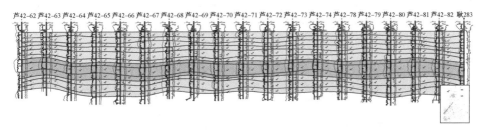

图 2-11　芦 42-62 井~耿 283 井南北向细分对比剖面图

　　细分层对比结果看出(表 2-5,图 2-12)细分后各小层地层厚度平均分布在 6~14m 之间,平均地层厚度 8m 左右,长 8_2^{1-2} 小层地层厚度平均在 13.3m,其他细分层地层厚度在 10m 以内。

　　其中:长 8_1^{1-1} 地层厚度最小 4.1m,最大 12.4m,平均 7.3m;长 8_1^{1-2} 地层厚度最小 4.3m,最大 16.8m,平均 8.9m;长 8_1^{1-3} 地层厚度最小 3.4m,最大 12.4m,平均 7.4m;长 8_1^{2-1} 地层厚度最小 3.4m,最大 12.3m,平均 9.6m;长 8_1^{2-2} 地层厚度最小 3.9m,最大 18.1m,平均 9.6m;长 8_1^{2-3} 地层厚度最小 2.6m,最大 6.5m,平均 6.5m;长 8_2^{1-1} 地层厚度最小 3.0m,最大 11.9m,平均 6.3m;

长 8_2^{1-2} 地层厚度最小 5.0m，最大 20.2m，平均 13.3m；长 8_2^{1-3} 地层厚度最小 2.8m，最大 16.2m，平均 7.3m；长 8_2^{2-1} 地层厚度最小 2.8m，最大 13.5m，平均 6.8m；长 8_2^{2-2} 地层厚度最小 4.4m，最大 15.4m，平均 9.7m；长 8_2^{2-3} 地层厚度最小 3.4m，最大 13.2m，平均 6.9m。

表 2-5　姬塬油田池 335 区各小层地层厚度统计表　　　　　　　m

油层组	长 8											
砂层组	长 8_1						长 8_2					
小层	长 8_1^1			长 8_1^2			长 8_2^1			长 8_2^2		
细分层	长 8_1^{1-1}	长 8_1^{1-2}	长 8_1^{1-3}	长 8_1^{2-1}	长 8_1^{2-2}	长 8_1^{2-3}	长 8_2^{1-1}	长 8_2^{1-2}	长 8_2^{1-3}	长 8_2^{2-1}	长 8_2^{2-2}	长 8_2^{2-3}
最大值	12.4	16.8	12.4	12.3	18.1	14.1	11.9	20.2	16.2	13.5	15.4	13.2
最小值	4.1	4.3	2.9	3.4	3.9	2.6	3.0	5.0	2.8	2.8	4.4	3.4
平均值	7.3	8.9	7.4	7.1	9.6	6.5	6.3	13.3	7.3	6.8	9.7	6.9

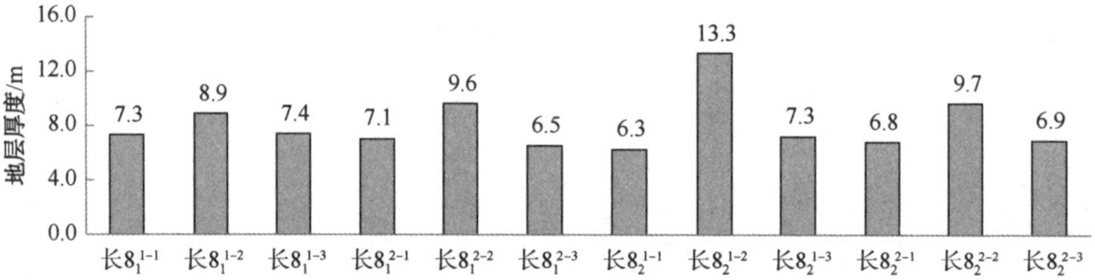

图 2-12　姬塬油田池 335 区各小层地层厚度统计图

2.4　储层特征

2.4.1　储层岩石学特征

通过与周边地区对比，岩石薄片资料显示长 8 层储集岩以灰色、浅灰色长石砂岩为主，其次为岩屑长石砂岩和长石岩屑砂岩等。颗粒排列中等紧密，孔隙发育差。岩屑以酸性喷发岩为主，另有少量石英岩。泥质具重结晶呈团块状填充孔隙，方解石与片钠铝石零散分布。

砂岩粒度：砂岩粒度较粗，为细-中粒岩屑长石砂岩（表 2-6、图 2-13）。主粒径 0.15~0.6mm，颗粒分选较好，磨圆差，以次棱角状为主（图 2-14）。

表 2-6   罗 3 井碎屑颗粒粒度统计表   %

层位	长 8	
顶界井深	2707.83m	2693.01m
颗粒总数	347 个	418 个
粗砂	0	0
中砂	67.19	21.23
极细砂	0.31	14.67
极粗砂	0	0
细砂	31	62.01
粉砂	0	1.09
FI1	1.03	1.34
泥	1.5	1
岩石名称	细砂质中砂岩	细砂岩

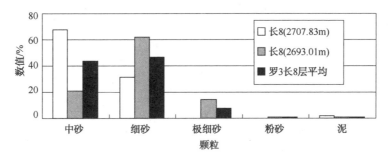

图 2-13   罗 3 井长 8 层砂岩粒度统计分析结果

图 2-14   元 191 井长 8 层砂岩棱角状、钙质胶结(2236.83m)

岩石组分：长8层砂岩骨架颗粒的矿物组成为石英、长石和岩屑，其中石英含量最高，其次为长石，再次为岩屑（表2-7）。长8段储层以长石砂岩为主，其次为岩屑长石砂岩和长石岩屑砂岩（图2-15），石英、长石、岩屑平均含量分别为35.88%、30.63%和22.13%，成分成熟度较低（表2-8、表2-9）。与陇东地区对比表明石英含量略有增加。

表2-7　罗3井骨架碎屑颗粒含量表　　　　　　　　　　　　　　%

序号	数值	石英	长石	岩屑
1	含量	38.50	32.50	21.50
1	占轻质颗粒总含量比重	41.60	35.13	23.24
2	含量	36.00	33.00	21.00
2	占轻质颗粒总含量比重	40.00	36.67	23.33
3	含量	35.00	26.00	22.50
3	占轻质颗粒总含量比重	41.92	31.14	26.94
4	含量	39.00	26.00	24.50
4	占轻质颗粒总含量比重	43.58	29.05	27.37
5	含量	38.00	34.50	18.50
5	占轻质颗粒总含量比重	41.76	37.90	20.34
6	含量	35.00	25.00	24.50
6	占轻质颗粒总含量比重	41.42	29.59	28.99
7	含量	37.00	33.00	20.50
7	占轻质颗粒总含量比重	40.09	36.46	23.45
8	含量	28.50	35.00	24.00
8	占轻质颗粒总含量比重	32.57	40.00	27.43

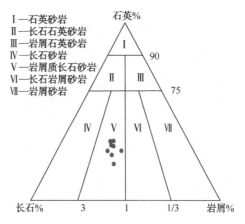

Ⅰ—石英砂岩
Ⅱ—长石石英砂岩
Ⅲ—岩屑石英砂岩
Ⅳ—长石砂岩
Ⅴ—岩屑质长石砂岩
Ⅵ—长石岩屑砂岩
Ⅶ—岩屑砂岩

图2-15　罗3井长8层砂岩骨架颗粒矿物组成

表 2-8　罗 3 井砂岩薄片分析数据　　　　　　　　　　　　　　　　　%

层位	长 8							
顶界井深	2707.8m	2693m	2703.4m	2709.6m	2690.7m	2712.2m	2699m	2697.4m
石英	37	35	34	38	37	34.5	36	27
燧石	1.5	1	1	1	1	0.5	1	1.5
长石类	31.5	33	26	26	34.5	25	33	35
喷发岩	6.5	7.5	7.5	7.5	6.5	8	7.5	7
高变岩	0.5	1	0	0	1	1	1	2.5
石英岩	5	3.5	3	4	4	3	3	5
片岩	1	1	1	1.5	1	1	1	1
千枚岩	4.5	4	7.5	6.5	3	6.5	5	5.5
变质砂岩	3	3	2	3	2	3	2	2
板岩	1	1	0.5	1	1	1	1	1
云母	1	1.5	7	1.5	2	4.5	1	2.5
其他碎屑								

表 2-9　罗 1 薄片分析数据　　　　　　　　　　　　　　　　　%

层位	长 8			
顶界井深	2499.07m	2502.79m	2501.68m	2503.57m
石英	30	36	34	30.5
燧石	1	1	1	1
长石类	25	29	30	26
花岗岩	0	0	0	0
喷发岩	7	7	9	8.5
高变岩	1	1	1	1
石英岩	4	4.5	3.5	5
片岩	0.5	1	0.5	1
千枚岩	2	4.5	1.5	4
变质砂岩	1	1.5	0.5	1
板岩	1	1	0.5	0.5
云母	1	3	1	2.5
其他碎屑	0	0	0	7

长8层岩石的结构成熟度较低，与其他层系相比较吴定长4+5石英和岩屑含量高，较姬塬上部层系石英、长石含量略低。

周边地区罗1井区长8层岩石的结构成熟度也较低（表2-8），长8层比吴定长4+5层石英和岩屑含量高，较姬塬上部层系石英、长石含量略低（表2-9）。

长8层胶结物以水云母、绿泥石膜、铁方解石、铁白云石为主，含量在6.5%~11%左右（表2-10、图2-16）。

表2-10 姬15井区长8砂岩与上部其他砂层碎屑组成对比表　　　　　%

油田	区块	层位	碎屑含量				填隙物总量
			石英类	长石类	岩屑	其他	
铁边城	吴定	长4+5	24.7	44.1	9.7	8.3	9.4
姬塬	姬15	延9	50~70	15~30	15		
		长2	40.8	38.8	<15		17.1
		长8	35.9	30.5	14.5	3.6	10.3

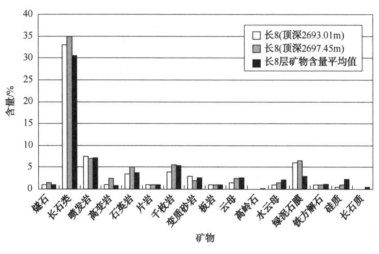

图2-16 罗3井长8层砂岩骨架颗粒矿物组成

其中绿泥石、碳酸盐含量最高，含量为2%~8%。与其他层系相比，总胶结物含量接近，绿泥石含量略高（表2-11）。

颗粒间以点、点-线接触为主，胶结类型为孔隙~加大、镶嵌~孔隙式（表2-8）。填隙物含量较高，主要以杂基和胶结物长英质加大发育，水云母呈丝状，鳞片状充填孔隙（表2-12、表2-13）。

表 2-11 罗 3 井砂岩胶结物含量分析数据   %

层位	长 8							
顶界井深	2707.8m	2693m	2703.4m	2709.6m	2690.7m	2712.2m	2699m	2697.4m
高岭石	0	0	0	1.5	0	0	0	0
水云母	1.5	1	5	2.5	1	3	2	1.5
绿泥石填隙								
网状黏土	0	0	0	0	0	0	0	0
混层黏土								
绿泥石膜	0	6	0	0	5	0	5.5	6.5
凝灰质	0	0	0	0	0	0	0	0
方解石	0	0	0	0	0	0	0	0
铁方解石	0.5	1	1	1	0.5	4	0.5	1
白云石	0	0	0	0	0	0	0	0
铁白云石	0	0	0	0	0	0	0	0
菱铁矿	0	0	0	0	0	0	0	0
硬石膏	0	0	0	0	0	0	0	0
石膏								
重晶石	0	0	0	0	0	0	0	0
浊沸石	0	0	0	0	0	0	0	0
方沸石								
硅质	4.5	0.5	3.5	4	0.5	4	0.5	1
总量	6.5	8.5	9.5	9	7	11	8.5	10
长石质	1	0	1	1	0	1	0	0

表 2-12 姬塬地区长 8 与其他层系胶结物对比表   %

井区	层位	胶结物									
		高岭石	绿泥石	水云母	云母质	菱铁矿	铁方解石	方解石	白云石	长石质	硅质	总量
姬塬地区	延 9	2.75		2.1			0.5		1.33		3	9.68
	长 2	4.15	1.59	1.74			1.05		1.17		1.89	11.59
	长 4+5	4.31	1.38	0.62			4.12	3.15	0.08		1.38	15.08
	长 8	0.2	2.9	2.2			1.2			0.5	2.3	9.3

表 2-13 姬 15 井区长 8 砂岩胶结类型孔隙结构统计表

井号	层位	顶界井深	粒间孔/%	粒间溶孔/%	长石溶孔/%	岩屑溶孔/%	平均孔径/μm	孔隙类型	最大粒径/mm	主要粒径/mm	分选	磨圆度	胶结类型	描述	定名
罗3	长8	2708	4	0	2.2	0.5	140	溶孔-粒间孔	0.5	0.20~0.50	好	次棱	孔隙-加大	长英质加大发育，水云母呈丝状，鳞片状充填孔隙	细-中粒岩屑长石砂岩
罗3	长8	2693	3.7	0	1.1	0.1	90	溶孔-粒间孔	0.4	0.20~0.40	好	次棱	孔隙-薄膜	同2690.75m	细-中粒岩屑长石砂岩
罗3	长8	2703	0.2	0	0.6	0.1	10	溶孔-粒间孔	0.4	0.12~0.30	好	次棱	孔隙-镶嵌	长英质加大发育，层理发育，层面上云母富集，软组分变形强	中-细粒岩屑长石砂岩
罗3	长8	2710	2.7	0	0.8	0.3	100	溶孔-粒间孔	0.6	0.25~0.60	好	次棱	孔隙-加大	长英质加大发育，铁方解石细晶状充填孔隙，高岭石结晶中差	粗-中粒岩屑长石砂岩

井号	层位	顶界井深	粒间孔/%	粒间溶孔/%	长石溶孔/%	岩屑溶孔/%	平均孔径/μm	孔隙类型	最大粒径/mm	主要粒径/mm	分选	磨圆度	胶结类型	描述	定名
罗3	长8	2691	4.4	0	1	0.2	180	溶孔-粒间孔	0.5	0.20~0.50	好	次棱	孔隙-薄膜	绿泥石呈薄膜状，厚5~8μm，水云母不均匀充填孔隙，具高岭石外形，属高岭石蚀变而成	细-中粒岩屑长石砂岩
罗3	长8	2712	1.4	0	0.5	0.1	100	溶孔-粒间孔	0.4	0.20~0.40	好	次棱	加大-孔隙	同2709.60m.	细-中粒岩屑长石砂岩
罗3	长8	2699	2.9	0	0.8	0.3	90	溶孔-粒间孔	0.5	0.20~0.50	好	次棱	孔隙-薄膜	水云母具高岭石晶形，属高岭石蚀变而成，绿泥石呈薄膜状，厚10μm，软组分变形强	细-中粒岩屑长石砂岩
罗3	长8	2697	3	0	0.9	0.2	80	溶孔-粒间孔	0.5	0.20~0.50	好	次棱	孔隙-薄膜	同2693.01m	细-中粒岩屑长石砂岩

2.4.2 储层物性及孔隙结构特征

物性资料统计表明，长 8 砂岩孔隙度为 11.30%~14.2%，平均 12.53%（图 2-17）；渗透率为 (1.073~2.362)×10⁻³m²，具低孔低渗低渗特征（图 2-18、表 2-14）。与其他层系相比，总孔渗略低，与长 4+5 层接近（表 2-15）。

根据薄片鉴定资料，长 8 储层孔隙结构具孔径中小、喉道变化较大的特点（图 2-18），孔径一般为 80~140μm（表 2-15），喉道半径 0.004~1.833μm，孔喉组合类型以中小孔微细喉、细喉型为主，形态复杂，边缘见溶蚀港湾状的角孔，长 8 储层微喉道占主要，微细喉道也有一定量分布，孔隙以小孔为主，约占 80%。

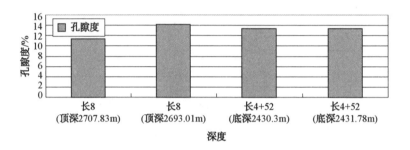

图 2-17　罗 3 井长 8 层砂岩实测孔隙度统计

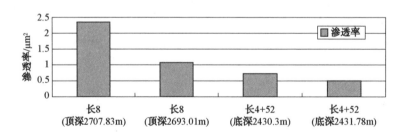

图 2-18　罗 3 井长 8 层砂岩实测渗透率统计

表 2-14　姬 15 井区罗 3 经长 8 砂岩实测孔隙度渗透率表

层位	顶界井深/mm	水平孔隙度/%	水平渗透率/%
长 8	2707.83	11.3	2.362
长 8	2693.01	14.2	1.073

表 2-15 姬 15 井区长 8 储层与其他层系孔渗性对比

井区	层位	孔隙度/%			渗透率/$10^{-3}\mu m^2$		
		最小	最大	平均	最小	最大	平均
姬塬地区	延 9	9.7	22.3	17.47	2.78	2256	257.46
	延 10	11.3	22.32	17.87	9.5	2242	594
	长 2	8.9	18.19	13.34	0.17	48.24	4.17
	长 4+5	3.1	14.9	11.22	0.1	1.422	0.69
	长 8	6.97	12.02	9.58	0.1	2.928	0.7538
吴 定	长 4+5	8.83	12.3	10.35	0.1	2.26	0.83

储层孔隙按成因划分为原生孔隙和次生孔隙。原生孔隙主要指碎屑颗粒之间的粒间孔隙，是指颗粒之间未被泥质和胶结物充填的空间。通常所说的粒间孔是指经过强烈成岩作用改造的残余粒间孔。次生孔隙是指在沉积岩形成后，因淋滤、溶蚀、交代、溶解及重结晶等作用在岩石中形成的孔隙和缝洞。在成岩过程中，碎屑颗粒经压实、压溶及胶结等作用，原生的粒间孔隙不断减少变形，此时，可溶性碎屑颗粒及易溶的胶结物会随着埋深的增加而发生溶解和交代作用，从而促使碎屑岩中发育次生孔隙。常见的次生孔隙主要有长石溶孔、岩屑溶孔和晶间孔。

研究区长 8 储集岩在成岩过程中形成了多种孔隙类型，主要有粒间孔隙、长石溶孔、岩屑溶孔，次为晶间孔及粒间溶孔，还见少量的微裂隙。

（1）粒间孔隙

研究区长 8 储层发育有大量的粒间孔，是主要的储集空间之一。由于上覆地层压力使颗粒旋转达到最稳定化排列，强烈的压实及自生矿物的充填作用使原生孔隙缩小、变形，因而谓之残余粒间孔，其形态较简单，一般呈三面体、四面体或多面体，形态规则，孔隙大小近等。该类孔隙特征主要出现在中粒、细-中粒、中-细粒砂岩及细粒砂岩中，这种孔隙一般与其他孔隙类型相伴生，不单独出现于岩石中。通常由成岩早期，沉淀的绿泥石胶结物呈碎屑包膜（或孔隙衬里）垂直颗粒岩面生长后残余的孔隙空间。

（2）长石溶孔

长 8 砂岩主要为岩屑长石砂岩和长石岩屑砂岩，岩石中长石含量较高。长石常沿解理缝选择性溶蚀，形态不规则，电镜下呈空蜂窝状，部分长石完全溶蚀，形成铸模孔，残留有以绿泥石为主的泥晶套，孔内有少量的沿解理蚀变的绢云母残余；部分长石的溶孔和粒间孔相连，形成超大孔隙，孔径大小相差悬殊，是该区较主要的储集空间之一。

镜下观察表明，长石的溶蚀是选择性的溶蚀，部分长石溶解、部分未溶，能谱分析表明，钠长石、斜长石等溶蚀作用较弱，而钾长石等碱性长石系列溶蚀较强，因为无论是淡水还是地层水，均溶解有丰富的 CO_2，碱金属粒子与 CO_3^{2-} 结合，随水流失，硅质形成高岭石。

$$KAlSi_3O_8(正长石) + CO_2 + H_2O = Al_4(Si_4O_{10})(OH)_8(高岭石) + SiO_2 + K_2CO_3$$

另外正长石在有机酸存在的酸性地层条件下，还可水解，形成高岭石。

$$KAlSi_3O_8(正长石) + H_2O = Al_4(Si_4O_{10})(OH)_8(OH)g(高岭石) + SiO_2 + K(OH)$$

（3）岩屑溶孔及晶间孔

岩屑溶孔及晶间孔不发育，两种孔隙的面孔率一般不超过0.5%。长8岩石样品中富含喷出岩岩屑、变质岩岩屑及云母。喷出岩岩屑岩性多为中基性喷发岩，其中含有一些容易蚀变的矿物，如角闪石、辉石及部分长石，在成岩过程中会发生溶蚀形成岩屑溶孔。另外，岩屑组分中还有一小部分云母矿物，云母在成岩过程中会发生变形、蚀变及向其他矿物转化，在此过程中会形成少量的溶蚀孔隙。特别是在极细-细粒砂岩和细-极细粒砂岩中，岩屑溶孔在一定程度上改善了岩石的孔隙性，相反却影响了砂岩的连通性，使得渗透率变差。

在镇北地区，晶间孔隙多见于黏土矿物中，特别是自生的高岭石矿物，当其结晶程度不好时，在高岭石矿物之间形成一些微小的晶间缝或小孔。同样在绿泥石膜及绒球状绿泥石矿物之间也存在晶间孔。

（4）微裂隙

微裂缝（隙）指由于沉积、成岩或构造作用形成的裂缝（隙）。沉积作用形成的裂缝一般平行层面分布，充填有有机质等；构造作用一般形成高角度裂缝，延伸较远，裂缝壁上生长有自生方解石晶体；成岩缝规模仅限于单个颗粒，由于上覆地层的压力使颗粒破碎形成裂缝，此种成岩缝对孔隙的连通性起到了极其重要的作用。

根据岩芯、薄片、工业CT分析，西峰油田长8还发育天然裂缝。在33口井的岩石观察中，有14口井见到裂缝。其中有8口井见到垂直缝，多数为一条缝，缝长30~100cm，开启缝宽0.3~1.0mm（图2-19）。水平缝多为成岩缝，呈组合出现，出现水平缝的砂层厚度一般为5~10cm，缝长小于1cm，开启缝宽0.3~0.6mm，裂缝密度0.2~2条/cm。在薄片观察中也发现有含量在0.1%~0.5%的微裂缝，一般发育在长石和岩屑颗粒上，也见顺颗粒边缘在杂基充填物中的裂隙。姬 15 井区在个别井中也见到微裂隙等。

长 8 储层粒间孔隙最为有利，以粒间孔隙为主，所占比例为 46.40%~62.10%，平均为 54.43%；粒间溶孔平均 36.10%，组分内孔隙所占比例平均10.67%。较其他层系相比，与长 4+5 层接近，比侏罗系明显变低（表 2-16、图 2-20~图 2-22）。

表 2-16　姬 15 井区长 8 储层孔隙结构统计表

层位	长 8		
顶界井深/m	2499.07	2502.79	2503.57
孔隙总数	34	293	259
面孔率/%	0.02	1.7	1.46
孔隙半径_面积频率_0/%	100	29.83	29.94
孔隙半径_面积频率_1/%	0	66.72	57.09
孔隙半径_面积频率_2/%	0	3.45	12.98
比表面_面积频率_2/%	0	0	9.08
比表面_面积频率_3/%	0	9.05	5.9
比表面_面积频率_4/%	0	19.76	18.23
比表面_面积频率_5/%	0	29.78	26.36
比表面_面积频率_6/%	0	12.78	4.81
比表面_面积频率_7/%	0	5.56	6.04
比表面_面积频率_8/%	12.7	19.19	22.56
比表面_面积频率_9/%	87.3	3.87	6.17
形状因子_面积频率_1/%	0	9.47	10.6
形状因子_面积频率_2/%	0	12.9	29.79
形状因子_面积频率_3/%	0	30.8	20.14
形状因子_面积频率_4/%	0	15.31	20.18
形状因子_面积频率_5/%	6.93	9.02	12.07
形状因子_面积频率_6/%	13.86	12.41	2.77
形状因子_面积频率_7/%	7.85	3.19	2.32
形状因子_面积频率_8/%	15.47	3.43	0.33

层位	长 8		
形状因子_面积频率_9/%	55.89	3.46	1.81
孔喉比_面积频率_0/%	102.67	34.32	36.46
孔喉比_面积频率_1/%	19.55	7.15	7.9
孔喉比_面积频率_2/%	4.66	11.85	6.48
孔喉比_面积频率_3/%	0	7.42	3.58
孔喉比_面积频率_4/%	0	2.76	0
孔喉比_面积频率_5/%	0	4.89	4.95
孔喉比_面积频率_6/%	0	0	2.49
孔喉比_面积频率_7/%	0	0.62	2.99
平均孔隙半径/m	2.35	11.31	12.09
孔喉比_面积频率_10/%	0	24.42	32.33
平均比表面	1.17	0.92	1.09
平均形状因子	0.92	0.75	0.68
平均孔喉比	0.21	1.43	1.73
平均配位数	0.18	0.35	0.31
均质系数	0.64	0.57	0.57
分选系数	1.23	8.31	10.09

表 2-17　姬 15 井区长 8 孔隙结构特征与其他层系对比表

井区	层位	储集空间						
		粒间孔/%	长石溶孔/%	岩屑溶孔/%	晶间孔/%	微裂隙/%	面孔率/%	平均孔径/μm
吴定	长 4+5	2.4	1	0.2	0.2		3.8	26.7
姬塬地区	延 9	8.57	1	0.13	0.27	0.14	10.11	63.6
	延 10	9.5	1.2	0.2	0.3	0.2	11.4	70.5
	长 2	3.82	1.63	0.12	0.59	0.1	6.26	53.2
	长 4+5	1.84	1.04	0.13	0.14	0	3.15	41.67
	长 8	2.79	0.99	0.23	0	0	4	98.75

图 2-19 罗 3 井长 8 储层(2697.45m)
微观孔隙结构特征及粒间孔发育

图 2-20 罗 3 井长 8 储层(2703.46m)
微观孔隙结构特征及溶孔发育

图 2-21 罗 3 井长 8 储层(2703.46m)
微观孔隙结构特征及粒间孔发育

2.4.3 主要成岩作用类型

(1) 石英次生加大

石英颗粒的次生加大是长 8 储层最常见和最重要的成岩作用之一，几乎所有的井中都有，但每口井中不是所有的层位都有石英加大，各口井中石英加大的层位也不尽相同。当一口井中既有石英加大的层段，又有石英不加大的层段时，通常石英加大的层段在上，石英不加大的层段在下。在取样段较长的井中可以看到有多个石英加大带。

从平面上看，石英加大的分布是不均衡的，临区西峰油田西 27 井、西 18 井、西 40 井、西 13 井、镇 74 井中都有石英加大，但西 23 井尚未见到。姬 15

(a) 西19井长8₁油层中的垂直裂缝

(b) 西23井长8₁油层中的水平裂缝

(c) 西16井长8₁微裂缝、沿微裂缝长石溶

(d) 西29-19井二维X-CT岩石成像

图 2-22　董志-白马南区长 8₁ 油藏裂缝类型

井区石英次生加大较发育。

石英加大发育程度分为 4 级：0 级——石英次生加大不发育；1 级——仅少数石英碎屑有加大，而且加大边窄；2 级——石英加大普遍，加大边外缘呈折线状，局部出现加大边完全填满粒间孔，使岩石呈缝合状的现象；3 级——石英加大使岩石呈缝合状的现象（图 2-23）。薄片观察表明，石英加大对粉砂岩和极细砂岩的物性的破坏作用比对细砂岩、中砂岩的物性的破坏作用更严重。对原生孔隙本来就小的粉砂岩和极细砂岩来说，石英加大容易填满所有的原生粒间孔。而对碎屑颗粒较粗的砂岩，石英加大难以使原生孔隙填满，这种孔隙的边界一般呈折线状，属于 2 级加大。在这种孔隙中可以再发生酸性流体对杂基和粒缘的溶蚀以及沥青的充填，或发生长石溶蚀作用。原生孔隙被石英加大填满的岩石很难再发生溶蚀作用，因而次生溶孔一般也不发育，往往形成致密层。由于石英加大边与被加大的石英颗粒之间一般没有其他成岩产物，所以认为石英加大是发生最早的成岩作用。作业区长 8 成岩的石英除了以石英次生加大边出现以外，局部以孔隙充填胶结物的形式出现（图 2-24），但分布范围有限。

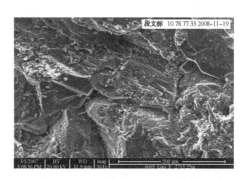

图 2-23　罗 3 井 2712.25m，结构较
致密，石英加大状胶结充填孔喉

图 2-24　罗 1 井长 8 石英次生加大
及孔隙钙质胶结特征（2499.0m）

（2）自生绿泥石膜的生长

长 8 常见到孔隙壁上有一层绿泥石，通常被叫作泥石膜（图 2-25），为成岩成因。成岩绿泥石可以由其他黏土矿物转变而来，也可以直接从溶液中结晶生长。自生绿泥石膜的分布十分普遍，出现在 50% 以上的孔隙中。自生绿泥石膜通常不会堵塞孔隙，反而因为阻碍石英的次生加大保护了原生孔隙（图 2-26）。但当绿泥石生长持续进行时，小的原生孔隙会被填满。一般石英加大带在上，自生绿泥石膜在下。自生绿泥石加大带和石英加大带在地层中也有交替出现。

图 2-25　镇 74 井长 8（2374.88m）
少量绿泥石薄膜及溶孔等

图 2-26　罗 1 井长 8 绿泥石膜及原生粒
间孔隙（2502.0m）

（3）次生高岭石化

次生高岭石只在少数井中出现，在岩石中呈窝状。一些井中的高岭石因油染而呈褐黄色（图 2-27、图 2-28），说明其形成在烃进入之前。可以推测高岭

石形成于自生绿泥石膜形成之后。高岭石在纵向上的分布没有一定规律，一些井含高岭石的层位之上的岩石具有沥青充填的溶孔。也有高岭石的含量一般较低(<5%)，说明长8储层中高岭石化不是普遍现象。

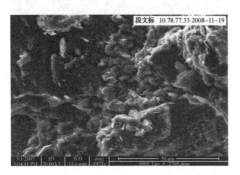

图2-27　结构致密，部分孔喉中充填
高岭石黏土(罗3，长8，2703.46m)

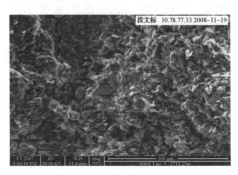

图2-28　高岭石黏土充填孔隙交代碎屑
普遍(罗3，长8，2712.25m)

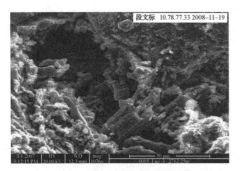

图2-29　罗3井少量碎屑溶蚀产生
溶孔(长8，2712.25m)

(4)酸性流体对杂基和粒缘的溶蚀

酸性流体对杂基和粒缘的溶蚀形成次生溶蚀孔一般呈港湾状(图2-29)，并且都被沥青充填。由于溶蚀不只对长石发生，而且对其他酸溶性物质也发生作用，说明溶媒的酸性较强，可能是有机质演化成熟过程中释放的有机酸。通常被沥青充填的事实说明这种溶蚀作用的发生与烃的成熟和运移有一定的成因和空间联系。这种沥青充填孔往往在石英加大的岩石中发育，但只分布在少数井中。并不是所有的这种溶孔都被沥青充填。

(5)连晶方解石对粒间物质和粒缘的交代

连晶方解石在西峰油田长8的分布也较为普遍，一般在0.45%不等。当其含量高时，往往蚕食碎屑颗粒的边缘，使碎屑颗粒呈"漂浮状"的特征，表明这种方解石是交代粒间物质和碎屑颗粒的边缘，而不是溶蚀之后再充填。连晶方解石(一般是铁方解石)的形成有的在烃运移之后，因为见到连晶方解石充填了油染自生绿泥石膜的原生孔隙的情形。薄片中见到有连晶方解石的岩石中也有长石溶孔的情形。这种长石溶孔的形成应该在连晶方解石形成之后，否则长石溶孔会被连晶方解石充填，因为连晶铁方解石可以交代任何类型的岩石组分。少数情况下见到连晶方解石只充填现有孔隙，而不交代颗粒边缘的情况。连晶方解石在地层中的分布往往为多层薄层状，横向延伸规模不大，因而难以在井间进行精确对比。根据研究统计，只要连晶方解石达到一定含量(38%以上)就使岩石形成致密层，在含量小时连晶方解石的存在使储层的孔隙度和渗透率降低。

(6) 长石溶蚀作用

长石溶孔是酸性流体对长石颗粒的解理缝和边缘进行溶蚀形成的，镜下观察通常很干净。长石溶孔一般不被沥青充填，表明形成于烃运移之后。长石溶孔可以在石英加大的岩石中发育，也可以在有沥青孔的岩石中形成，一般形成在连晶方解石形成之后。在具高岭石的岩石中长石溶孔也常发育。在有剩余原生孔隙的地层中，长石溶孔也可存在。长石的溶解促进了储层的次生孔隙的发育，改善了储层的物性。

总之，长8储层的成岩作用主要有压实作用、石英次生加大、自生绿泥石膜的形成、长石云母等的高岭石化、连晶方解石交代粒间和粒缘物质、杂基和粒缘被溶蚀再被沥青充填、长石溶蚀。储层物性主要由成岩作用控制。压实作用占主导地位，其次是石英次生加大和成岩方解石的发育，这两种因素是破坏储层物性的。自生绿泥石膜在原生孔隙生长，以及长石溶孔的发育是提高储层物性的重要因素。

2.4.4 成岩相特征

通过研究区长8储集砂岩岩芯观察描述，常规物性分布规律以及压汞、X-衍射、铸体薄片和扫描电镜微观成岩特征观察等多项测试结果分析，结合研究区长8碎屑岩成岩作用类型及其对储层物性的影响，可划分出如下三种成岩相带。

(1) 泥岩压实成岩相

泥岩压实相主要存在于三角洲前缘亚相的分流间湾和浅湖亚相的泥岩、含砂泥岩及粉砂质泥岩中，岩石中黏土矿物含量不小于50%。该类岩石中黏土矿物的组分在不同的成岩作用阶段而变化。各类泥岩在机械压实作用下，孔隙水大量排出，孔隙度急剧减少，致使孔隙极不发育，孔隙类型主要为黏土杂基微孔。

(2) 压实压溶成岩相

在三角洲前缘亚相的各类微相中，压实压溶相主要发育于粉细砂岩、细砂岩、细-中砂岩、中砂岩及中-粗砂岩中。岩石中含岩屑、泥质杂基及碎屑云母高的地区，机械压实作用程度高，表现为塑性岩屑及云母的强烈变形，并呈定向-半定向排列，刚性颗粒石英、长石被压裂，颗粒间以点-线接触为主，粒间孔很大程度的减少，甚至以微孔为主。孔隙度一般不超过10%，渗透率不超过 $0.5×10^{-3} \mu m^2$，在研究区长8低孔低渗储层中常见。

（3）弱实压-胶结成岩相

该类型成岩相同样普遍出现于三角洲前缘亚相的不同微相的砂体中，由于沉积环境、成岩物质基础及成岩作用的差异，与压实压溶相比较，显示相对弱压实特征。储集砂岩表现为物性相对较好，颗粒间以孔隙式胶结为主，残余粒间孔和次生溶孔大量出现。根据研究地区长8储集砂岩的成岩序列、孔隙类型及胶结物中占优势的胶结矿物，将弱实压-胶结成岩相又划分为六类亚成岩相。

① 伊利石+高岭石+碳酸盐胶结相：胶结物中伊利石和高岭石含量相对较高，碳酸盐胶结物有铁方解石、铁白云石和凌铁矿，以铁方解石充填交代为主，普遍见硅质胶结，孔隙组合类型为溶孔、粒间孔-溶孔。

② 铁方解石+硅质胶结相：沉积微相主要为水下分流河道。胶结物组成中铁方解石和硅质胶结物一般比绿泥石、伊利石、高岭石的含量（略）高，再依据绿泥石和伊利石的相对含量又可划分为铁方解石+硅质+绿泥石胶结相、铁方解石+硅质+伊利石胶结相。

铁方解石+硅质+伊利石胶结相中，铁方解石一般呈连晶状充填孔隙及交代碎屑颗粒，粒间孔被硅质或绒球状绿泥石充填，绿泥石薄膜不发育，高岭石结晶较差并充填孔隙，长石溶孔及岩屑溶孔多呈孤立状存在。物性总体为低孔低渗的特征，储层为差储层或非储层，虽然样品中也不乏孔隙度大于10%的，但是渗透率低于 $0.5×10^{-3} \mu m^2$。

铁方解石+硅质+绿泥石胶结相与铁方解石+硅质+伊利石胶结相不同的是前者绿泥石膜较发育，但是由于铁方解石、硅质、高岭石等胶结物的充填作用，储层物性较差，相对铁方解石+硅质+伊利石胶结相的物性要好一些。

③ 铁方解石+伊利石胶结相：该成岩相多处于三角洲前缘水下分流河道的末端、分流间湾的薄层砂体中，铁方解石为主要胶结物，次为伊利石。铁方解石呈连晶状充填孔隙，伊利石呈丝发中、搭桥状充填孔隙和喉道，硅质胶结也不同程度的发育，岩性多致密，物性差。不过水下分流河道砂体的中粒砂岩段，铁方解石呈连晶状充填相对减少，碎屑分选好，加大-孔隙胶结，孔隙类型为溶

孔-粒间孔，物性有所改善。

④ 伊利石+铁方解石胶结相：伊利石在胶结物中含量最高，次为铁方解石及硅质胶结。伊利石主要呈薄膜状，薄膜厚度平均 5μm 左右。铁方解石呈斑状充填孔隙，可见少量的硅质胶结。孔隙-薄膜式胶结，孔隙组合为溶孔+粒间孔。

⑤ 铁方解石+绿泥石胶结相：该相带多位于水下分流河道侧缘及前端与分流间湾和浅湖亚相毗邻处，铁方解石呈连晶状充填孔隙，绿泥石呈薄膜状，平均厚 10μm 左右，硅质胶结较发育，伊利石多呈搭桥、丝状分布孔隙和喉道，没有或含有极少的高岭石矿物。在靠近分流间湾和浅湖亚相时，铁方解石及硅质胶结加强，绿泥石膜之间的孔隙多被硅质胶结和铁方解石充填，物性变差，甚至呈致密钙层。在远离分流间湾、浅湖亚相和靠近主砂体时，铁方解石胶结相对减弱、硅质胶结变得不太发育，伊利石化程度低，绿泥石膜围成的粒间孔发育，普遍见到长石溶孔，孔隙类型以溶孔+粒间孔组合为主，孔隙-薄膜式胶结，物性较好，为较有利的成岩相之一。

⑥ 绿泥石+铁方解石胶结相：该成岩相主要分布于辫状河三角洲前缘的水下分流河道的砂体中，绿泥石多呈薄膜状均匀分布，薄膜平均厚 8μm 左右，铁方解石多呈斑状充填孔隙，硅质加大发育程度不均衡，高岭石及少量伊利石充填孔隙，有时见高岭石晶间孔中充填沥青物质。样品中粒间孔被胶结物大量充填，溶蚀孔充填自生矿物，物性较差；粒间孔与溶蚀孔隙保存好的砂体，颗粒分选多为较好-好，胶结类型为孔隙-薄膜、孔隙胶结，孔隙度一般大于 10%，渗透率大于 $0.7 \times 10^{-3} \mu m^2$，在叠置水下分流河道砂体中常见到此类成岩相，是研究区最好的有利储集相带。

综上，绿泥石膜的存在能够增强颗粒的抗压强度，保护原生孔隙，高岭石的形成与长石类矿物溶解形成的次生孔隙有关，因此，研究区长 8 储集岩中最为有利的成岩相为绿泥石+铁方解石胶结相，次为铁方解石+绿泥石胶结相。

小结：

① 长 8 构造总体上比较简单，岩石致密，主要为细粒沉积，结构成熟度中等，成分成熟度较低，岩屑含量偏高，胶结和溶蚀成岩作用发育，填隙物中黏土矿物含量较高，岩石的非均质性较强，储层必须经过措施改造才有产能。

② 黏土矿物在碎屑颗粒表面和孔隙喉道中广泛分布，形成大量的残余粒间孔和晶间微孔，是油层低渗致密化的重要因素。储层黏土矿物虽少见膨胀性蒙脱石，但自生黏土矿物和原生杂基绝对含量较高，并且绿泥石和伊利石等发育，在孔隙中和粒表均有充填，存在形式多样，晶间连接较弱，潜在多种敏感性伤

害类型。

③ 储层孔隙空间结合以残余粒间孔和粒内溶蚀孔为主，面孔率低。喉道类型以片状喉道为主，连通性总体较差，主流喉道半径较小。在注采过程中和实施增产措施时易于发生微粒运移堵塞和积杂堵塞，对各种损害类型较为敏感。

2.5 流体性质

2.5.1 地面原油性质

总体上姬塬油田长 8 储层原油性质较好，具有三低特征，即：低密度、低黏度、低凝固点。长 8_1 储层地面原油密度为 0.8445g/cm³，黏度 5.17mPa·s，凝固点 19℃；长 8_2 储层地面原油密度为 0.852g/cm³，黏度 4.36mPa·s，凝固点 18.0℃（表 2-18）。

表 2-18 姬塬油田长 8 储层地面原油性质数据表

井号	层位	原油密度/（g/cm³）	原油黏度/mPa·s	凝固点/℃	初馏点/℃	馏分		
						205℃	250℃	300℃
地 78-82	长 8_1	0.8515	5.71	19.0	90.0	20.0	26.3	41.3
耿 219		0.8535	6.08	21.0	90.0	20.0	27.0	43.1
地 199-50		0.8521	6.10	17.0	89.0	21.3	28.5	43.8
罗 1		0.8460	5.19	19.0	66.0	23.0	31.0	44.0
罗 11		0.8193	2.79	19.0	63.0	28.0	38.0	53.0
平均		0.8445	5.17	19.0	79.6	22.5	30.2	45.0
罗 13	长 8_2	0.8348	3.93	19.0	80.0	22.0	32.0	47.0
耿 166		0.8841	4.46	22.0	77.0	25.0	33.0	46.0
黄 29		0.8370	4.70	13.0	67.0	13.0	21.0	30.0
平均		0.8520	4.36	18.0	74.7	20.0	28.7	41.0

2.5.2 地层原油性质

姬塬油田长 8 储层罗 1 井区三口井的高压物性分析结果表明，地层原油性质较好，长 8_1 地层原油密度为 0.733g/cm³，地层原油黏度为 1.403mPa·s，气油比为 97.53m³/t，饱和压力为 9.77MPa 左右，原油体积系数为 1.297（表 2-19）。

表 2-19   姬塬油田长 8 储层地层原油性质数据表

井号	层位	油层温度/℃	油层压力/MPa	饱和压力/MPa	压缩系数/×10⁴MPa	地层原油黏度/mPa·s	气油比/(m³/t)	体积系数	收缩率/%	地层原油密度/(g/mL)	溶解系数/(m³/m³MPa)	天然气相对密度
地 78-82	长 8₁	84.5	17.18	8.21	12.9	1.290	83.9	1.272	21.4	0.742	8.624	1.159
地 201-50		77.5	17.96	8.37	12.6	1.540	87.2	1.257	20.4	0.745	8.698	1.148
耿 219		80.4	17.61	12.74	14.2	1.380	121.5	1.362	26.6	0.713	8.03	1.052
平均		80.8	17.6	9.77	13.2	1.403	97.53	1.297	22.8	0.733	8.45	1.120

2.5.3 地层水性质

姬塬油田长 8₁、长 8₂ 储层平均总矿化度分别为 29g/L、44g/L，均为 $CaCl_2$ 水型(表 2-20)。

表 2-20   姬塬油田长 8 地层水分析数据表

井号	层位	阳离子/(mg/L)			阴离子/(mg/L)			总矿化度/(g/L)	水型
		Na⁻+K⁺	Ca²⁺	Mg²⁺	Cl⁻	SO₄²⁻	HCO³⁻		
黄 112	长 8₁	9123	7776	161	27119	1441	176	46	$CaCl_2$
黄 114		8409	4574	1974	26038	937	144	42	$CaCl_2$
黄 48		3184	1127	120	6321	1153	137	12	$CaCl_2$
峰 9		7394	4983	378	20794	498	260	34	$CaCl_2$
耿 152		3450	415	180	2618	4841	669	12	Na_2SO_4
平均值		6312	3775	563	16578	1774	277	29	$CaCl_2$
黄 112	长 8₂	9315	8571	162	28679	1681	123	49	$CaCl_2$
环 74		11241	3322	378	23593	746	28	40	$CaCl_2$
平均值		10278	5946	270	26136	1214	75	44	$CaCl_2$

2.5.4 原油伴生气性质

根据姬塬油田罗 1 井区地 78-82 井长 8 油藏原油伴生气组分分析：含烃总量 97.86%；其中 CH_4 含量为 49.07%，无 H_2S 和 CO 气体(表 2-21)。

表 2-21 姬塬油田长 8 原油伴生气色谱分析数据表

井号	分析项目/%																				
	CH$_4$	C$_2$H$_6$	C$_3$H$_8$	iC$_4$H$_{10}$	nC$_4$H$_{10}$	iC$_5$H$_{12}$	nC$_5$H$_{12}$	iC$_6$H$_{14}$	nC$_6$H$_{14}$	He	H$_2$	CO$_2$	N$_2$	CO	H$_2$S	相对密度	含空气	含烃	甲烷化系数	视临界压力/kPa	视临界温度/K
地78-82	45.04	13.73	21.22	3.37	8.10	2.36	2.55	0.84	0.61	0.00	0.02	0.25	1.95	—	—	1.16	6.59	97.82	0.46	43.08	289.03
	74.30	9.24	7.85	0.87	1.82	0.41	0.45	0.16	0.13	0.03	0.06	0.22	4.50	—	—	0.76	1.82	95.22	0.78	44.54	222.19
	72.62	10.99	9.17	0.96	1.95	0.41	0.44	0.15	0.12	0.19	0.09	0.22	2.72	—	—	0.78	1.20	96.81	0.75	44.67	227.85
	63.89	14.56	13.59	1.47	2.96	0.63	0.65	0.20	0.15	0.22	0.04	0.26	1.44	—	—	0.87	1.22	98.09	0.65	44.60	245.85
	51.28	19.04	19.73	2.17	4.38	0.93	0.93	0.28	0.22	0.10	0.09	0.25	0.64	—	—	1.00	1.61	98.95	0.52	44.34	269.74
	34.14	22.74	28.41	3.36	6.80	1.44	1.40	0.39	0.25	0.07	0.32	0.24	0.49	—	—	1.18	1.97	98.91	0.35	43.63	300.99
	2.21	8.28	34.95	8.60	23.30	8.69	9.48	2.45	1.29	0.05	0.15	0.12	0.46	—	—	1.91	5.64	99.24	0.02	38.77	400.63
平均	49.07	14.08	19.27	2.97	7.04	2.12	2.27	0.64	0.40	0.09	0.11	0.22	1.74	—	—	1.09	2.87	97.86	0.50	43.38	279.47

第 3 章

注水高压欠注原因

3.1 储层物性影响

通过文献调研表明，超低渗透砂岩油藏物性差、孔隙结构复杂，界面现象严重，注水渗流阻力大，且储层易发生损害，进一步增加了注水开发难度。长8油藏属于超低渗透油藏，储层物性极差、低孔低渗，油水两相渗流互相制约、界面效应及成岩作用等导致注水高压。针对超低渗透储层：

① 表面作用、毛管作用等导致非达西渗流；高束缚水饱、高残余油饱、油水两相共渗区窄且渗流相互制约，注水阻力大，水驱效果差。

② 液体边界层对渗流影响大，孔隙喉道半径与吸附水膜/油膜厚度处于同一数量级，吸附液膜厚度对渗流的影响不可忽略。

③ 孔隙结构复杂、黏土矿物发育降低了储层渗透性；压实作用和胶结作用使储层更趋致密；溶蚀作用和交代作用仅有限改善储层性能(图3-1~图3-6)。

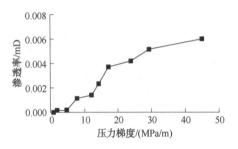

图3-1 姬塬长8单相水相渗流特征

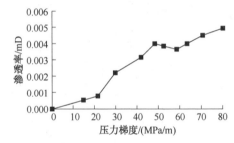

图3-2 姬塬长8单相油相渗流特征

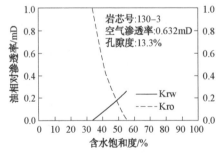

图3-3 姬塬长8储层油水两相渗流特征

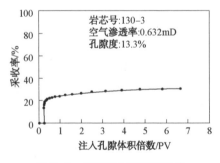

图3-4 姬塬长8采收率曲线

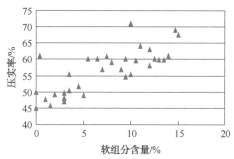

图 3-5 黄 69 井，2606.30m，长 8_1，顺层分布的黑云母（云母等软组分
含量越高，压实率越高，残余粒间孔越少，孔渗越低）

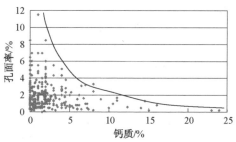

图 3-6 池 88 井，2688.36m，长 8_1，高岭石胶结，无明显可见孔隙（随着
钙质含量的增加，物性急剧降低）

3.2 孔隙结构影响

孔隙类型、孔喉结构影响注水效率，不仅导致注水高压，同时导致油藏采收率低。

姬塬长 8 储层孔隙类型以粒间孔和溶孔为主（表 3-1、图 3-7~图 3-9），残余粒间孔和长石溶孔是姬塬地区长 8_1 储层主要的储集空间，溶孔：粒间孔 ≈ 1：1，大部分区块次生孔隙多于粒间孔，晶间孔约占面孔率的 20% 左右，平均面孔率一般不超过 3.5%（表 3-2）。在这种复杂的孔隙结构下，储层本身的流体流动已很受限制，外来流体势必对渗流造成不利影响，引起较大注入阻力。且由于非均质性较强，孔喉渗流能力差异较大，注水时个别通道将优先见水，导致过早水淹、大量剩余油不能被启动。

表 3-1　超低渗透区块孔隙类型及含量表　　　　　　　　　　　%

区块	粒间孔		溶孔			晶间孔		微裂隙
	含量	面孔率占比	长石溶孔	岩屑溶孔	面孔率占比	含量	面孔率占比	含量
姬塬	1.39	52.04	1.03	0.13	47.57	0.08	2.95	0.03
西峰	2.7	61.09	1.08	0.22	29.41	0.24	5.43	0.09
白豹	1.62	55.1	0.85	0.12	32.99	0.07	2.38	0.24
镇北	2.23	53.86	1.38	0.26	39.61	0.15	3.62	0.07
马岭	1.6	53.18	1.12	0.23	45.04	0.02	0.65	0.02

图 3-7　黄 212 井，2598.80m，长 8_1，
发育的粒间孔及溶孔

图 3-8　池 86 井，2724.33m，长 8_1，
发育的长石溶孔

图 3-9　罗 101 井，2783.36m，长 8_1，发育的粒间孔

表 3-2　姬塬长 8₁ 各区块孔隙类型及面孔率统计表

地区	粒间孔/%	长石溶孔/%	岩屑溶孔/%	晶间孔/%	微裂隙/%	面孔率/%	样品数量/块
采油五厂	1.71	1.52	0.08	0.19	0.06	3.51	656
采油八厂	1.49	1.14	0.07	0.12	0.05	2.87	203

　　姬塬长 8 储层喉道分选差、排驱压力高、退汞效率低、中值半径小、细孔微喉(表 3-3、图 3-10),不利于注水。原油通过细小孔喉时需克服贾敏效应、消耗注水能量,进一步造成注水压力上升。

表 3-3　超低渗透区块孔隙特征表

区块	孔隙特征								
	渗透率/mD	孔隙度/%	排驱压力/MPa	中值压力/MPa	中值半径/μm	分选系数	变异系数	最大汞饱和度/%	退汞效率/%
姬塬	0.9	10.45	1.72	6.51	0.11	1.82	0.2	51.35	31.86
西峰	0.62	10.77	0.81	5.57	0.13	2.29	0.23	77.93	26.93
镇北	1.18	12.24	0.64	4.95	0.15	2.17	0.24	81.23	26.18
马岭	0.8	10.81	1.18	4.85	0.24	1.69	0.17	74.91	25.83

　　水相圈闭导致的注水压力升高及采收率降低不容忽视。油藏中水相圈闭损害产生的原因是,水相进入储层后引起油相相对渗透率大幅度下降,油相被"圈闭"而不能驱出,导致较高的残余油饱和度。亲水性越强、越致密的储层,界面效应越显著,水相圈闭损害越严重。由于超低渗透砂岩油藏孔隙结构复杂、黏土矿物发育,潜在水相圈闭损害严重。姬塬长 8 储层压力系数偏低,一般为 0.7 左右,排

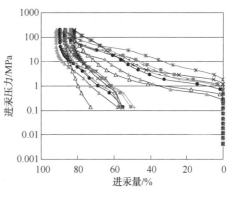

图 3-10　姬塬长 8₁ 压汞曲线

驱压力 1.72MPa,喉道中值半径为 0.11μm,中值压力 6.51MPa。储层压力与毛管压力相差不多,流体流动性差,油相被滞留在孔喉中不能流动,导致注入压力高、驱油效果差。

3.3 岩石润湿性影响

储层润湿性差异导致静水/静油边界层厚、储层水锁、毛管阻力大、水相圈闭，从而导致注水压力高、采收率低。

岩石表面润湿性对渗流影响显著，由于润湿性取决于液-固界面分子间作用力，亲水或亲油岩石均会对水相或油相产生强烈的黏附作用，从而产生较厚且密实的静水/油边界层，降低有效渗流空间。一般认为，弱亲水的储层水驱油效率高，强亲水的岩石，水膜较厚，毛管数量减少，毛管阻力变大，水锁效应显著，水相滞留甚至产生水相圈闭，相对于细微孔喉，水膜厚度产生的边界阻力效应越大，越不利于水驱。同样，若储层为油润湿，形成原油边界层也不利于水驱，若储层为强亲油，将形成油相滞留、较厚原油边界层，也不利于水驱。岩石润湿性在一定程度上决定了注水效率。

研究表明，姬塬长 8 油层岩石以混合润湿性为主，根据统计资料，姬塬北部(如黄 114 井、2622.18m)以亲水性为主，姬塬南部(如耿 79 井、2556.8m)以亲油性为主(表 3-4)。

表 3-4 姬塬长 8 储层润湿性特征统计表

井号	深度/m	层位	水润湿指数 W_w	油润湿指数 W_o	相对润湿指数	润湿性评价
黄 114	2622.18	长 8_1	0.25	0.1	0.15	弱亲水
黄 212	2597.7	长 8_1	0.11	0.18	-0.07	中性
池 224	2439.94	长 8_2	0.35	0.17	0.18	弱亲水
盐 67	2559.5	长 8_2	0.22	0.22	0.16	弱亲水
耿 79	2556.8	长 8_1	0.22	0.32	-0.1	弱亲油
罗 209	2460.15	长 8_1	0.14	0.29	-0.18	弱亲油
罗 30	2428.8	长 8_1	0.13	0.25	-0.14	弱亲油

表 3-5 为自吸法评价的长 8 储层润湿性，地 193-37 井长 8 层(2512.13m)的润湿性评价表明，水的无因次吸入量为 0，油的无因次吸入量为 3.39%，为亲油岩石。

岩石的润湿性与绿泥石膜含量关系密切，绿泥石是亲油性矿物，容易吸附沥青质而使其表面形成一层薄油膜，不利于注水驱油。绿泥石含量不同，导致储层不同的润湿性。

表 3-5 姬塬长 8 润湿性实验分析结果

井号	层位	井深/m	空气渗透率/mD	孔隙度/%	无因次吸入量/%		润湿性判断
					吸水	吸油	
地 193-37	长 8_1	2512.13	0.672	10.8	0	3.39	中性-偏亲油

由图 3-11 和图 3-12 可知：长 8_1 绿泥石膜在定边和油房庄中间区域、姬塬地区发育；长 8_2 绿泥石膜广泛分布。

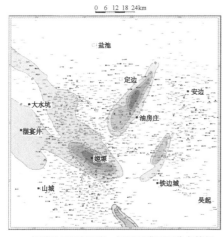

(a) 姬塘地区延长组长 8_1 绿泥石膜平面分布特征

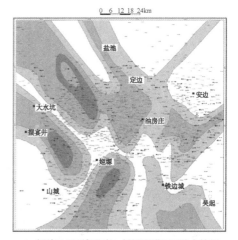

(b) 姬塘地区延长组长 8_2 绿泥石膜平面分布特征

图 3-11　姬塬地区延长组长 8_1 和长 8_2 绿泥石膜平面分布特征

(a) 安225井，2339.70m，长 8_1，粒间孔及绿泥石膜

(b) 盐67井，2559.50m，长 8_2，发育绿泥石膜

图 3-12　绿泥石膜

3.4 储层敏感性影响

敏感性黏土矿物也是造成注水压力升高的主要原因：一方面，黏土矿物膨胀与分散不但减小有效渗流空间，还会形成黏度较高的溶胶，流体黏度升高导致非线性渗流；另一方面，黏土矿物分割孔隙、增加孔隙结构复杂性，引发储层损害，造成注入压力梯度高、注不进等问题。

姬塬地区长 8 储层填隙物以伊利石、高岭石、绿泥石为主，其中长 8_1 填隙物组成主要以伊利石、高岭石、绿泥石为主；长 8_2 填隙物则以伊利石和绿泥石为主(图 3-13、图 3-14)。

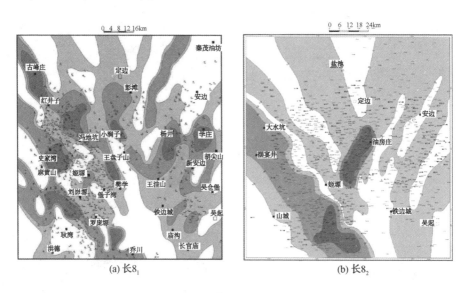

(a) 长 8_1 (b) 长 8_2

图 3-13 姬塬地区延长组长 8_1 和长 8_2 铁方解石平面分布特征

绿泥石表现为粒表附着、粒间充填(图 3-15)，砂岩中粒表和孔隙填充石英、伊利石、绿泥石(图 3-16)，伊利石、高岭石、绿泥石、伊-蒙石质量分数分别为 28.6%、35.9%、32.1% 和 3.0%(表 3-6)。由于水敏矿物(以伊利石、绿泥石、伊-蒙间层为主)的存在，随着注入水进入地层后，地层水矿化度不断降低，这些敏感性矿物会从层间分开成为自由的片状颗粒，与水溶液作用产生晶格膨胀或分散、堵塞孔喉并引起渗透率下降，导致注水压力上升，地层吸水能力下降(图 3-17)。

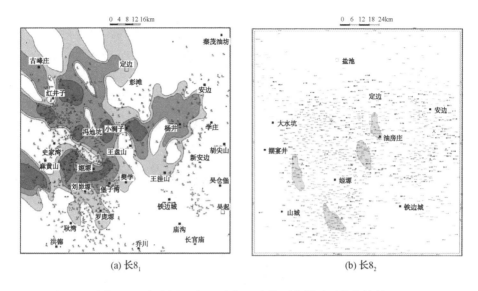

(a) 长8₁ 　　　　　　　　　　　　　　　(b) 长8₂

图 3-14　姬塬地区长 8_1 和长 8_2 高岭石含量平面分布特征

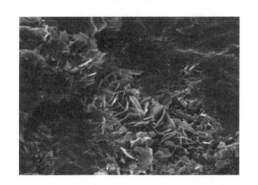 

图 3-15　长 8 储层绿泥石　　　　　　　图 3-16　粒表和孔隙间的石英、
　　　　　　　　　　　　　　　　　　　　　　　　　绿泥石和伊利石

表 3-6　姬塬长 8 黏土矿物成分 X 衍射分析数据对比表　　　　　　　%

区块	层位	黏土矿物相对含量			
		伊利石	伊/蒙有序间层	高岭石	绿泥石
姬塬	长 8_1	38.9	8.7	38.3	30.7
	长 8_2	40.6	12.9	6.4	58

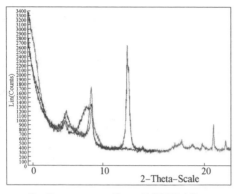

(a) 黄48井，2647.80m，长8₁，伊蒙间层矿物，XRD　　(b) 黄55井，2553.48m，长8₁，伊／蒙间层矿物，SEM

图 3-17　XRD 及 SEM 图

3.5　流体配伍性影响

流体配伍性影响是注水压力升高的外在因素，主要是指钻井、完井、井下作业造成的固相颗粒浅层堵塞，注入水、作业施工用液与地层不配伍造成的水敏伤害，不当的酸化措施、压裂措施造成的二次污染伤害，注入水与地层流体不配伍造成的结垢伤害，以及注水水质不能满足标准要求，导致机杂、悬浮物及细菌堵塞，近几年含聚回注水或微球驱造成聚合物堵塞现象日趋严重，这些都将造成注水井严重欠注或注不进(表3-7)。

表 3-7　姬塬油田注入水化学特征数据表

区块	样品名称	$Na^+ + K^+$/ (mg/L)	Ca^{2+}/ (mg/L)	Mg^{2+}/ (mg/L)	Cl^-/ (mg/L)	SO_4^{2-}/ (mg/L)	HCO_3^-/ (mg/L)	矿化度/ (g/L)	水型
姬塬北部	姬三注	927	350	99	677	2200	64	4.32	Na_2SO_4
姬塬西北部	黄一拉	1046	433	135	855	2557	53	5.1	Na_2SO_4
姬塬东部	罗1	812	260	130	851	1630	74.6	3.76	Na_2SO_4
姬塬东南部	姬9注	943	244	92.5	695	1930	61.1	3.96	Na_2SO_4

姬塬长8地层水富含 Ca^{2+}、Mg^{2+}、Ba^{2+} 等成垢离子，水型 $CaCl_2$ 型。由于储层非均质性强，水动力条件较弱，在一定程度上存在矿化度和特征离子含量的差异。姬塬长8采出水由于受见水程度和措施残液的影响，矿化度及特征离子变化剧烈(表3-8)。

表 3-8　姬塬油田长 8 层地层水化学特征数据表

样品名称	水的组成/(mg/L)								矿化度/ (g/L)	水型
	$Na^+ + K^+$	Ca^{2+}	Mg^{2+}	Ba^{2+}	Cl^-	SO_4^{2-}	CO_3^{2-}	HCO_3^-		
黄 115-117	42700	7750	1050	2400	83500	0	0	162	138	$CaCl_2$
地 86-33	30200	6280	638	2180	60600	0	0	146	100	$CaCl_2$
地 84-36	31300	6490	699	2130	62700	0	0	204	104	$CaCl_2$
姬 14 注采出水	6500	1800	419	0	13100	594	40	229	22.4	$CaCl_2$

注水水质调查结果表明，姬塬地区注水地层 $BaSO_4$ 结垢较严重，$CaCO_3$ 结垢量为 41mg/L(表 3-9)。

表 3-9　姬塬油田长 8 油藏注水地层配伍性数据表　　　　　　　　mg/L

注水区域	结垢类型及结垢量范围	
	$BaSO_4$	$CaCO_3$
麻黄山	2400	41
刘峁塬西北	2017	41
刘峁塬南	2000	41

姬塬油田长 8 注水系统水质机杂、细菌等含量较高，注入水进入地层后，易造成固相颗粒堵塞及细菌堵塞，造成注水压力上升(表 3-10)。同时，近几年微球驱及含聚回注水导致注不进井数上升趋势明显(表 3-11)。

表 3-10　姬塬油田长 8 油藏主要注水系统水质检测数据表

系统	部位	溶解氧/ (mg/L)	总铁/ (mg/L)	三价铁/ (mg/L)	二价铁/ (mg/L)	机杂/ (mg/L)	粒径/ μm	SRB/ (个/mL)	TGB/ (个/mL)
姬 23 注	姬 23 注原水罐出口	1.5	0.2	0.15	0.05	2.45	3	0	$10^0 \sim 10^1$
	姬 23 注喂水泵出口	0.05	0.125	0.025	0.1	1.59	5.25	10^6	$10^4 \sim 10^5$
	江 30-47	0	0.62	0.48	0.14	3.13	2.82	10^6	$10^4 \sim 10^5$
姬 12 注	姬 12 注原水罐出口	0.05	0.08	0.06	0.02	1.1	5.49	$10^4 \sim 10^5$	$10^0 \sim 10^1$
	姬 12 喂水泵出口	0.05	0.19	0.07	0.12	1.59	3.75	$10^4 \sim 10^5$	10^6
	江 84-7	0.1	1.26	1	0.26	3.47	4.87	$10^4 \sim 10^5$	10^6
罗一注	罗一过滤器入口	0.4	0.17	0.15	0.02	1.13	9.8	$10^0 \sim 10^1$	$10^1 \sim 10^2$
	罗一喂水泵入口	0.1	1.29	1.29	0	1.22	4.96	$10^2 \sim 10^3$	$10^2 \sim 10^3$
	地 191-31	0.05	2	1.5	0.5	2.79	8.54	$10^2 \sim 10^3$	$10^2 \sim 10^3$

表 3-11　姬塬油田 2019 年欠注井分类统计表

	井数	占比
欠注井总数	34	
初期注不进	19	56%
含聚回注水导致注不进	9	26%
微球驱导致注不进	6	18%

通过以上分析可知，储层孔隙结构复杂性、储层岩石润湿性、敏感性矿物、外来流体等是影响注水的主要因素。渗流阻力的主要来源既包括超低渗透储层本身极差的物性及细微孔喉带来的渗透性差异，也包括储层岩石细微毛管及表面特性带来的流动阻力和可能产生的储层损害。

超低渗透砂岩油藏物性差、孔隙结构复杂，单相油/水在储层中的流动为非达西渗流，两相流动时相互制约，严重影响油/水的有效渗流能力，导致较高的注入阻力。物性越差、渗透率越低，注入难度越大、流动压力梯度越高。

储层物性是储层本身固有的、很难改变的性质，界面效应产生的各种阻力可采取适当的措施改善或降低。从界面效应产生的各种阻力入手，通过研究表面活性剂的界面效应及润湿性改善等各项性能，筛选研发适合超低渗透油藏的高效表面活性剂，以达到超低渗透砂岩油藏降压增注及提高采收率的目的。

第 **4** 章

注水降压增注措施

4.1 降压途径分析

从石油资源的评价结果表时，我国的低渗透油藏总的储量为 $210.7 \times 10^8 t$。对于这类油层的开发方式主要是注水开发，这就有注水压力高，含水上升快，水驱动用程度低的问题，绝大部分石油滞留于油层中采不出来，油藏水驱采收率只有百分之十几。表外储层及外围低渗透层的单层厚度薄、孔隙结构复杂、含油产状差、黏土含量高是主要原因，注水开发又有一个显著的特点是启动压力高；油井与水井之间的有效驱动压差较小，油井的受效较差，低产量和低效率的井多；还会时常见到水井注不进、油井也采不出的情况，水驱油效率差、注水波及系数小导致水驱的采收率很低，平均来算也只有 25% 左右。目前我国的油田主要采取以下几种做法来提高低渗透油层的水驱开发效果：

（1）控制井距，加密井网

根据统计井的资料表明，如果注采井距越大，低渗透油层水淹厚度比例就会越小。从室内低渗透油层岩芯的流动实验表明，它具有较大的启动压力梯度，而且如果渗透率降低，启动压力会急剧增大。按照这样的情况计算，同时考虑油田实际的生产压差，要使渗透率在 $(5 \sim 10) \times 10^{-3} \mu m^2$ 之间的低渗透油层也动用的话，其注采井距一定不能超过 $170 \sim 230m$。

（2）细分注水的层段，限制单井的开采层数

在油田注水开发过程中，影响油层动用的因素很多，经各因素与动用程度相关性的对比分析看出，单井射开层数多少和厚度大小是影响油层动用程度的重要因素。

（3）活性纳米材料增注技术

1991 年，Decher 基于阴、阳离子静电吸引而组装有序薄膜。1993 年始吉林大学沈家骢研究小组基于静电组装这一思想，组装了功能性聚电解质与双阳离子交替膜。称这种膜为"分子沉积膜"，简称分子膜、MD 膜或者纳米膜。高芒来对功能性超薄膜有序分子沉积膜的制备及其结构进行了研究。成都理工大学的冯文光教授，对自组单分子纳米膜提高驱油效率及微观机理进行了研究，提出在注入水中加入一种含阳离子基团物质，该物质可在带负电荷的砂岩矿物表面形成可在后续水中脱附的自组单分子纳米膜，通过取代水膜和沥青膜除去各种形式的残油。室内实验表明，该法无论在水湿或油湿，高渗或超低渗储藏中均可获得良好的驱油效果。活性纳米粉体进入地层的方式是通过携带介质，它

会吸附在砂岩地层表面，这是由于它具有表面的高能态和表面原子的极不稳定性，从而使岩石润湿性发生反转，由亲水地层转为亲油地层。当亲水地层转性为亲油地层后，其油相渗透率就会呈下降趋势，同时水相渗透率则会呈上升趋势，这就是活性纳米材料提高注入水渗流能力的一个重要机理。

（4）水力割缝增产措施

是苏联 70 年代中期开始研制，几经改进、完善的一种成型技术，是针对提高储层打开程度，改变应力分布和近井地带的渗透率而达到增产增注的一种新工艺，具有施工简单、方便、多层割缝一次性完成等特点，是油田二次、三次采油中的一项很有发展前途的新技术。水力割缝技术是利用井下切割装置，采用高压射流方式，对井壁及近井地带进行切割造缝。施工后形成的缝为双翼垂缝，套管处的缝宽大约为 20mm，造缝深度可以达到 1000~1500mm，缝内的延伸宽度可以达到 100mm，不动管柱可切割缝高 200mm，如果想继续切割可以通过上提管柱实现。这样的施工能够改变近井地带的渗流分布和条件，还可以改变应力，降低渗流阻力，从而达到增产增注的目的。在低渗透油气藏开发中具有广阔的应用前景。

（5）表面活性剂驱油

首先提出表面活性剂驱油的是苏联，于 1966 年在阿塞拜疆油田中的 3 口注入井开展了实际的现场实验，后来也在其他 10 多个油田也开展了实验，只不过是小规模的。实验区属中高渗透油层，最低渗透率在 $150 \times 10^{-3} \mu m^2$ 以上。在这一系列实验中得到的结论是随着注采井距的不断增大提高采收率的效果也是越来越好，当井距达到 300m 以上时，采收率能提高 3%~8%，但是该技术没有得到推广，这主要是成本的原因。20 世纪 80 年代以后，受到人们日益关注的是聚合物驱油、二元复合驱和三元复合驱，对于中高渗透的油田普遍采用的方法是采用聚合物驱油技术。但是近年来如何高效开发低渗透油田成为石油工程界一个重要的研究课题，这主要是中高渗透油田可采储量减少的原因。即使在经济极限井网密度的条件下，油层动用的程度一直很低，这是因为低渗透油层启动压力梯度的存在，因为上述原因，2000 年在大庆外围的朝阳沟油田开展了降压增注现场实验，取得比较好的效果。其原理主要是表面活性剂的加入能降低地下各相间的界面张力，引起乳化作用，减少岩层对油的吸附力并增加油在水中的溶解度，降低原油的黏度，从而将被岩层束缚的油采出。表外储层属低渗透油层，存在启动压力、水驱油效率低，应用表面活性剂驱油具有良好的发展前景。

（6）酸化解堵增注

酸化增注的主要机理是清除井壁污染物和溶蚀油层岩石中部分矿物，提高岩石渗流能力。

4.2　增注技术分类

注水开发是最经济的提高采收率的技术手段，在国内外进行了广泛应用。注够水、注好水是油田稳产的基础。相对于中高渗油藏来说，低渗油藏的难点是注水困难，存在注水启动压力高，渗流阻力大；储层敏感性强，注水井能量扩散慢，注水压力不断上升；吸水能力低，且吸水能力不断下降等问题；从而导致低渗油气藏的注水开发效果不佳，地层能量得不到有效的补充，油井产量下降快，油层动用状况差。

在低渗油藏的水驱过程中，一般都要出现注入能力降低现象。注水过程许多因素影响注入速率和注入压力，如注入指数、岩石和流体的特性、井的几何特性、运移比等。但是操作效率和地层伤害是主要影响因素。操作效率取决于如下几个因素：能量供给、井口/海上平台条件、设备设计、泵效率及操作人员的熟练程度。地层伤害是由于地层细颗粒的运移、盐的沉淀、水中固相或油相堵塞孔喉造成的。这些颗粒全部保留在油藏岩石的孔隙中，并形成泥饼，使渗透率降低，注水能力下降。

解决注水能力下降通常的技术方案是处理水质或进行井下作业，但是这些操作成本都是十分昂贵的。一个低成本的解决方案是提高注水压力，允许注入效率有一定程度的降低，这样可以避免注入量的降低，这样通常导致注水时产生裂缝，并扩展。近年来，利用这一原理，形成了裂缝扩展注水技术。

目前低渗透油藏主要采取注水开发，但由于低渗透油藏特殊的孔隙结构以及注水伤害等原因，导致注水困难，波及系数降低，采收率减小。目前，增强注水主要有物理方法与化学方法，主要包括常规压裂增注、振荡、酸化等增注技术，但均存在有效期短、费用较高、二次伤害等问题，新创新的工艺有裂缝扩展注水技术、活性剂增注工艺，分子膜增注工艺、水质处理精细注水工艺。

为此，针对注水井的增注技术主要有：裂缝扩展注水技术，酸化增注工艺，压裂增注工艺，活性剂增注工艺，分子膜增注工艺，水质处理精细注水工艺；配套技术还有注水评价技术。

4.2.1 裂缝扩展注水技术

裂缝扩展注水技术是运用常规的水力压裂原理，在低渗透油藏注水井中实施的一种提高注水量的技术措施。低渗透油藏中，由于储层的渗透率较低、渗流阻力大以及常规注入水水质的影响，使地层吸水能力差。在这种情况下，保持注水量不变，提高地面注水压力，当井底压力达到地层破裂压力时，就会在沿垂直于最小主应力方向产生裂缝。缝表面未受污染，吸水能力增强，此时若仍保持注水量不变，地面注水压力瞬间会自然下降到某一值。继续注水，由于水质、出砂等原因污染新裂缝表面，注水压力逐渐上升，当达到地层破裂压力时，在裂缝尖端，又会沿原裂缝方向产生新的裂缝，新缝表面渗透率增加，注水压力瞬间降低。以此类推，裂缝扩展呈现不规则的周期变化，缝长逐渐增加，直至合理的范围。

研究裂缝扩展注水的机理，形成裂缝扩展注水的力学模型，建立裂缝扩展周期、滤失系数以及裂缝扩展缝长增量的计算方法；其次，采用双向通信方法，把裂缝生长模拟与油藏模拟进行整合，形成裂缝扩展注水动态模拟软件，并进行裂缝扩展注水开发影响因素的规律性分析。

初步研究表明：裂缝扩展注水技术对采收率的影响是显著的。要使裂缝扩展注水技术发挥最佳的经济效益，必须对这一技术的适应性进行研究，包括该技术适应的油藏类型、井型、井别、注水井与生产井的空间分布（井网类型）、裂缝起裂时间、裂缝扩展的速度和方向等施工参数优化及经济评价。

为提高低渗油藏的注入量，通常要提高注水压力。但是传统的技术方案是将注水压力控制在破裂压力以下，避免储层压裂。近年来，一些油田也在尝试注水井压裂提高注水效果的技术措施，但是，研究表明，压裂后注水能力迅猛升高，会降低原油的采出程度。且注水井压裂，缝长比不宜过大。随着注入时间的增加，注入量也不可避免地降低。新的注水技术路线是：恒定注入能力，将注水压力逐步提高到破裂压力，压裂地层，随后裂缝逐步扩展，直到缝长与井距比达到 0.25。这样采用合理的井网既可以提高注入效率，又可以提高驱替效率。

裂缝扩展注水技术涉及诸多影响因素，同时对开发指标如采收率、波及系数等有重大影响。若采用此技术开发低渗油藏，必须结合油藏的实际情况，优化工艺参数，才能取得最佳的开发效果。

波及系数是指水驱油田水波及的区域与油藏总区域的比值，可以分为体积波及系数（EV）和面积波及系数（EP）。影响波及系数的因素很多，如油藏非均质性、井网、油水黏度比、重力、毛管力、注水速度等因素。一般计算波及系数的方法很难将这些因素都考虑到，但是数值模拟就可以比较容易地考虑这些因素：

① 对于低渗透油田，裂缝扩展注水技术对采收率的影响显著，对采收率的影响规律：0°裂缝的采出程度略低于理想状态下的采出程度，而45°和90°裂缝采出程度与理想注水采出程度一致；且裂缝扩展注水的采出程度远高于无压裂常规注水的采出程度。0°裂缝时波及系数最大，45°裂缝时次之，90°裂缝时更小，理想状态无裂缝时波及系数最小。

② 注入量对裂缝扩展开发效果有影响：对本研究所用区块情况，注入量为$60m^3/d$时，0°裂缝和无裂缝理想状态下采出程度基本一致，注入量$80m^3/d$时，有裂缝与无裂缝状态相比，采出程度有所降低；注入量$100m^3/d$时，采出程度降低幅度有所增大。

③ 水质对裂缝扩展注水的影响规律：无论水质好坏，90°和45°裂缝扩展对采出程度影响很小；0°裂缝时，水质好，采出程度高，但影响幅度不大。水质对波及效率的影响很小。

④ 井距对裂缝扩展注水的影响规律：随着井距的增加，任意角度裂缝的采出程度都下降。

⑤ 井网类型对裂缝扩展注水的影响规律：裂缝扩展注水与不压裂理想注水的规律一致，即反九点法的采出程度略有降低，其他井网相同。

⑥ 注水时机的影响规律：越早注水，采出程度越高。但最终采收率相差不大。不论何种情况，与考虑注入量下降情况相比，裂缝扩展注水技术能够大幅度提高采出程度。

4.2.2 压裂增注工艺

分层压裂技术：在一口井上存在多个压裂目的层时，如果不采用分层压裂技术，往往只能压开一个目的层，从而使油井达不到预期的产能。分层压裂技术可分为两类：第一类是机械封堵逐层压裂的分层压裂技术，这类分层压裂技术主要有封隔器机械分卡压裂方法、暂堵剂多裂缝压裂方法等；第二类是分流分层压裂技术，它是利用压裂液通过已压开层射孔炮眼时的力学特性，迫使压裂液分流并提高井底压力，使破裂压力不同的各目的层都相继被压开，最后一次加砂同时支撑所有裂缝，完成全井压裂。这类分层压裂技术的代表是限流法压裂技术。

水力化学压裂技术：该压裂技术的机理是充分利用已压开的裂缝，通过物理化学作用有效处理基岩，提高渗透率。该项技术的施工工序一般为：注入带表面活性剂的盐酸溶液、注入带原油和砂子的石灰粉碱性溶液、注入组分同前但不加砂的顶替液，再注入盐酸溶液，最后注入5%浓度的碱性顶替液。水力化学压裂的特点是井的产量稳定，因为在压裂过程中近井底地带聚集了弹性和气体能量，并且通过压开的裂缝使基岩投入了有效的开采。实验表明，注入的化学溶液和砂子量越多，水力化学压裂的效果越好。该压裂技术可增产2~3倍。

水平井压裂技术：以前油田开发一般采用垂直井，钻开油藏的部位仅限于油藏厚度的范畴；而从油藏的平面看，一口垂直井只不过是一个"井点"，注采进程只在各井之间进行，注采井底流动压力显然较大，注采量受到了限制，而且在注采过程中出现了各种各样的"绕流"和"死角"，从而形成了各种难以动用的死油区，严重影响了波及范围和可采储量的利用程度。水平井技术的出现使"井网"有了现实意义，水平井段相当于井网的联络，改变了以前垂直井和油藏的"点"接触，而变成了水平井与油藏的"线"接触，使开采效益有了很大的提高，特别是对于多垂向裂缝系统的油藏、低渗透率油藏、薄层油藏、多层油藏、气顶低水油藏、稠油油藏等。

多缝加砂支撑压裂技术：该方法是利用一次压裂作业造成3~6条高导流能力的填砂裂缝来提高储层的产液能力。基本的原理使用爆炸脉冲压裂能在井筒周围地层产生多条放射状短裂缝的特性，首先在近井带造成短缝后，改造其地应力场，然后利用暂堵性压裂液依次压开并延伸原爆炸短缝后再填砂支撑。它是常规水力压裂和爆炸压裂的有机结合，克服了常规水力压裂受地应力控制，水力压裂裂缝具有的"单一性"问题，以及爆炸裂缝短，且不能支撑，导流能力低的弱点，保留发扬了水力压裂作用距离远，导流能力高和爆炸压裂不受地应力控制可形成多条放射状短缝的优点，实现了储层压裂的多缝支撑，达到全方位改造储层的工艺目标。

低压油井的泡沫压裂技术：该压裂技术与常规水力压裂原理相同，但改造效果不大一样。低压油井压裂施工能否成功取决于所用的压裂液，它需要对地层损害小、静水压头低，漏失比小，携砂能力好及返排快等性能。在处理低渗透、低压、水敏油层式，使用泡沫压裂夜尤为合适。泡沫压裂液以酸、水、水-酒精或烃类为外相，用表面活性剂作发泡剂，其浓度在1%以下。用一种可增能的气体，一般用 CO_2 或 N_2 作为泡沫内相，气体起驱动作用，促使压裂液返排到井中。泡沫要求具有很好的稳定性。国外已研制出延缓交联剂(靠时间和温度激发)可在地面产生线型凝胶泡沫，而在井底使之具有泡沫交联凝胶的性质(通常称为交联泡沫)。交联泡沫的滤失量比普通泡沫少50%。由于液相交联，泡沫稳定性提高，黏度提高。该压裂液的增产量为常规压裂的 4 倍多。

低渗油层的优化压裂技术：美国 L. K. Britt 等人通过对低渗透油藏油井压裂效果进行分析研究认为，1~10mD 低渗油层的最佳水力压裂裂缝形态是具有高导流能力的短裂缝。用二维三相模型模拟研究了压裂对五点井网注水采油的影响，模拟结果表明，当考虑的不利定向裂缝长度超过井距的 25% 时，采收率会降低。应用西得克萨斯州地层的物性模拟研究了压裂对二次采油的影响，模拟结果表明，对注采井进行压裂产生高导流能力的短裂缝，使五点法注水开发效果最佳，即最佳裂缝为导流能力高的短裂缝。这一模拟结果已由西得克萨斯州 North Cowden 和 Anton Irih 两开发区的油田实例所证实。

改变应力的压裂技术：基于美国 L. R. Warpinski 等人在科罗拉多州的多井试验场研究了改变应力的压裂。所谓改变应力的压裂是：对某井的地层进行水力压裂时因受邻井原有压开缝产生应力扰动的影响，使该井的新压开缝重新取向，也即当新压开缝延伸进入已发生应力扰动的区块后而产生重新取向。这种压裂极适用于天然裂缝性低渗透镜范围小的区块，因这种压裂的裂缝与天然裂缝不平行，可交汇更多的天然裂缝，故而造新的裂缝能够使井有更大的产率。当然为实施改变应力的压裂必须克服若干困难，如井距问题，可采用斜井、水平井等来弥补。该工艺技术还有待发展。

整体优化压裂技术：总体目标是使整个油气获得最佳的开发效果，是把整个油气藏作为一个研究单元，并对油气藏的各参数进行覆盖研究。在此基础上，考虑在既定井网条件下不同的裂缝长度、导流能力场的产量和扫油效率等动态指标的变化，从中优选出最佳的裂缝尺寸和导流能力，并进行现场实施与评估研究，以不断完善整体优化压裂方案。研究的手段包括：实验室实验、裂缝模拟、油气藏数值模拟、试井分析、现场测试、质量控制和现场实施与监测等，勘探开发研究院廊坊分院进一步提高了整体优化压裂方案对单井压裂设计的针对性和指导性。

同井同层重复压裂技术：目前国内外主要在以下三个方面取得了重要进展。①选井选层技术。综合应用数据库、专家经验、人工神经网络技术和模糊逻辑等技术，开发了重复压裂选井选层的模型。②重复压裂前储层地应力场变化的预测技术。国外已研制成模型，可预测在多井(包括油井和水井)和变产量条件下就地应力场的变化，研究结果表明，就地应力场的变化主要取决于距油水井的距离、整个油气田投入开发的时间、注采井别、原始水平主应力差、渗透率的各向异性和产注量等。距井的距离越小、投产投注的时间越长、原始水平主应力差越小、渗透率各向异性程度越小、产注量越大，则越容易发生就地应力方位的变化；而最佳的重复压裂时机，即是就地应力方向发生变化的时机，且变化越大，时机越好。③改变相渗特性的压裂液技术。通过加一种改变润湿和吸附特性的化学药剂，达到增加产油量和减少含水的目的。已有该压裂液成功应用的报道。这对中高含水期的重复压裂而言，尤具吸引力。

深井、超深井压裂技术：该技术主要在塔里木及华北等油田中应用。经过多年的发展，已在井深超过 6000m 的地层中获得成功应用。主要的技术要点有：①耐高温并具有延迟交联作用的压裂液体系研制；②中密高强度陶粒支撑剂评价与优选技术；③岩石的弹塑性研究与模拟；④支撑剂段塞技术。

低伤害压裂技术：低伤害压裂技术是近些年随低伤害或无伤害压裂材料的发展而建立起来的一种新型压裂工艺设计技术。在内涵上已不仅限于压裂过程中的储层伤害和裂缝伤害，还包括在设计、实施及压后管理过程中，只要未能真正获得与油气藏匹配的优化支撑缝长和导流能力，就认为已造成了某种程度的伤害。因此，低伤害压裂技术的实质就是从压裂设计、实施，到压后管理等方面，尽最大可能获得优化的支撑缝长和导流能力。

连续油管压裂技术：针对多层油藏和小井眼的压裂酸化改造，国外于 20 世纪 90 年代初研究开发了连续油管压裂酸化技术，目前该项技术主要用于陆上多层油气藏和小井眼的改造。

4.2.3 微生物水井降压增注

低渗透油层由于孔喉小，渗流阻力大，并有启动压差现象，使注水井吸水能力低，压力扩散慢，在井底附近容易形成高压带，而采油井难以见到注水效果，地层压力急剧下降，产量大幅度递减。这种现象随着油层渗透率降低和注采井距增大而加剧。往往容易形成所谓"注不进，采不出"的严重被动局面。

以新立油田为例，该油田 1987 年投注，到 1995 年 5 月，单井日注水量从

74m³降至46m³，减少28m³，注入压力(井口)由8.2MPa升到12.2MPa，提高了4.0MPa，启动压力从7.7MPa升至10.8MPa，增加3.5MPa。吸水指数由72m³/(d·MPa)下降为54m³/(d·MPa)。

(1) 降低水井注入压力

配注量为20m³/d，在注微生物之前，能够完成配注量，但注入压力高达14MPa，施工目的为降低注入压力。实验效果如图4-1所示。可以看出，在注水量不变的情况下，注入压力下降了2MPa。

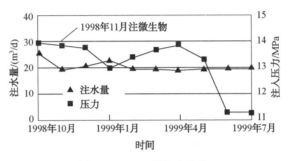

图4-1 9-20井注水曲线

(2)提高水井注入量

8-161井在开井初始具有一定的能力，后来注入压力逐渐升高以至于最正常与否直接影响到9口油井的产量。注水量20m³左右，恢复了正常注水。

4.2.4 水质精细控制技术

油田注入水的主要特点有：

(1) 对油藏有较强的伤害性

特别是中低渗透性油藏，一方面，注入油藏的注入水有较高含量的固体悬浮物，这些悬浮物会造成油藏孔喉的阻塞，严重的会形成"栓塞"；另一方面，注入水中含有的H_2S、Fe^{2+}、Fe^{3+}等物质和腐蚀产物亦会造成油藏的堵塞，降低油层的渗透率，引起油井产量下降。

(2) 腐蚀性强

高矿化度的采油污水中存在溶解盐、溶于水的H_2S、O_2、CO_2以及细菌等均为具有很强腐蚀性的物质。

(3) 容易结垢

高矿化度的采油污水中除含有腐蚀物质外，还存在着为数众多的易形成碳酸钙、硫酸钙的Ca^{2+}、Mg^{2+}、HCO_3^-、SO_4^{2-}等离子，很容易造成结垢。

注入水的水质成为影响油田开采的直接影响因素，如果其中含有较多的注入油类、悬浮物、细菌等污染物，那么使得地层孔道阻塞，造成注水量的减少，致使油气产量、质量下降。

通过对油田注水系统结垢的调查研究，发现注入水结垢能够引起三个后果。其一，阻塞注水井底，减小注水量的是注入水中的杂质及腐蚀产物的沉积；其二，致使注水管网结垢，降低注水效率的是注入水中碳酸盐的析出；其三，堵塞近井地带，加大注水压力的是注入水和地层水不相配。最常见的垢型有碳酸钙（$CaCO_3$）、二水硫酸钙（$CaCO_4 \cdot 2H_2O$）、硫酸钙（$CaSO_4$）、硫酸钡（$BaSO_4$）和硫酸锶（$SrSO_4$）。

溶液中容易结垢的盐类的溶解度受温度的影响比较大，注入水中存在大量的碳酸钙（$CaCO_3$）、硫酸钙（$CaSO_4$）、硫酸钡（$BaSO_4$）和硫酸锶（$SrSO_4$）等结垢均与温度的变化成反比；溶液 pH 值对结垢的影响主要表现在：当溶液的 pH<7 时，溶液的酸性较强，此时其中只有 CO_2、H_2CO_3 存在，能够有效地阻止结垢产生，但是，若 pH 值太低，溶液腐蚀性增强，若 pH 值高，溶液的腐蚀结垢趋势增强；随着注水开采的进行，地层压力减小，注入水中多发生生成碳酸钙等沉淀的反应，同时，采油作业过程中分离出的水进入排放管线，压力变小，促使其中的碳酸钙等沉淀析出。

腐蚀结垢的影响因素很多，这其中以温度、pH 值、CO_2 分压的影响最大。

4.2.5　活性剂增注工艺

我国大部分低渗透油田主要以注水开发方式为主，低渗透油田普遍存在着孔喉细小、渗透率低、渗流阻力大等特征，在较高的驱替压力下流体才能流动。加之储层中存在敏感矿物、注入水不配伍等因素导致油层伤害，油层吸水能力不断降低，注水压力不断上升，从而造成水井注不进，油井采不出的现象，直接影响油田的采油速度。如何解决低渗透油田降压增注的技术问题，提高油层的吸水能力已成为当前研究的重要课题。

目前，低渗透油田的降压增注措施主要有压裂、酸化或化学解堵、活性水增注等。压裂是低渗透油层增产的普遍措施，有效的造缝可以明显提高单井产量或注入量，由于油层物性的差异导致有效期相差很大；酸化或化学解堵可以有效处理近井地带，但有效期短，容易受到储层敏感性的限制；活性水增注伴随着注水进行，处理半径较大，可以改善油、水渗流特性，降低注入压力和残余油饱和度，是提高油层吸水能力的有效方法。

4.2.5.1 岩芯流动性实验研究

（1）实验准备

采用天然岩芯进行流动性实验，实验用油为地层原油与中性煤油配制的模拟油，模拟地层水矿化度为 6400mg/L，表面活性剂 NS-1 的浓度为 0.5%，驱替流量为 0.1mL/min。

（2）表面活性剂相对渗透率的测定

依据石油天然气行业标准，采用非稳态法来测定表面活性剂相对渗透率，对比油水相对渗透率曲线和表面活性剂相对渗透率曲线的差别，实验结果如图 4-2 所示。

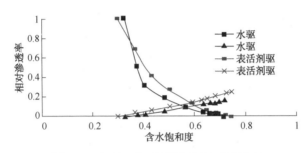

图 4-2　水驱、表面活性剂驱相对渗透率

注：曲线 $K = 10.44 \times 10^{-3} \mu m^2$

随着表面活性剂的注入，可动油饱和度明显增加，残余油饱和度降到了 30% 左右，扩大了油、水两相共渗区范围，采出程度得到一定程度的提高；油相相对渗透率曲线明显抬高，水相相对渗透率曲线提高幅度较小，相同含水饱和度条件下，油井含水率将大幅下降；油、水等渗点发生右移，说明表面活性剂溶液驱后，油层岩石表面物理化学性质发生了变化，岩石表面亲水性进一步增强。

（3）降压实验

使用渗透率不同的两块天然岩芯进行平行实验，水驱至压力稳定，改为 0.5%NS-1 表面活性剂驱，接着后续水驱，比较表面活性剂不同用量下的降压效果，实验结果如表 4-1 所示。

降压实验表明，降压率随着表面活性剂注入量的增加而增大，当表面活性剂注入量大于 0.5PV 时，降压率的增幅变缓，并最终趋于稳定。通过注入 0.5PV 浓度为 0.5% 的 NS-1 表面活性剂，注入压力可降低 25% 以上（图 4-3），且在后续水驱过程中压力比较稳定，降压作用明显，最终确定表面活性剂的段塞尺寸为 0.5PV（图 4-4）。

表 4-1　表面活性剂降低注入压力实验结果

岩芯编号		1-1	1-2
孔隙度/%		14.64	14.94
渗透率		9.98	9.15
水驱	注入量/PV	5.7	4.96
	压力/MPa	3.19	4
活性剂驱	浓度/%	0.5	0.5
	段塞尺寸/PV	10	0.5
后续水驱压力/MPa		2.16	2.99
降压率/%		32.33	25.20

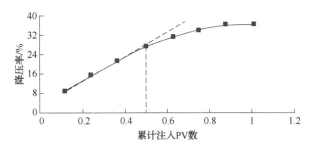

图 4-3　岩芯 1-1 活性剂注入量与降压率的变化关系曲线

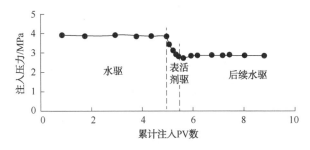

图 4-4　岩芯 1-2 水驱—活性剂驱—后续水驱压力变化

4.2.5.2　油水渗流时油层中力分析

（1）毛管压力

在油层岩石毛管中，由于两种不互溶的流体（油、水）间存在张力，界面上产生压力差，即毛管压力。两种流体中有一种流体比另外一种流体更能优先润湿固体表面。毛管压力可以表现为毛管的液体上升或下降，既可以是正值，也可能是负值，主要由优先润湿性决定，非润湿相压力较大。

显然，毛管压力与液-液界面张力、流体润湿性及毛管大小有关。具有较低压力的一相总是优先润湿毛管。

假设毛管半径为 r，油水界面张力为 σ，在不考虑接触角的情况下，即油层岩石完全油湿，弯液面两侧的压力差即毛管力 p_c 的大小为

$$p_c = p_o - p_w = 2\sigma/r \tag{4-1}$$

式中　p_o——油相压力；

　　　　p_w——水相压力。

当上述油水体系在毛管孔隙中处于静止平衡状态时，若 $r=1\mu m$，$\sigma=5mN/m$，则毛管力 $p_c=10^4 N/m^2$。显然，使注入水在毛管孔隙中流动，外加的压力必须大于 p_c，p_c 即为通常所说的毛管阻力。

设孔喉平均长度 L 为 $50\mu m$，则使注入水流动所需的压力梯度为 $(p_1-p_2)/L=2\times10^8 N/m$。

显然，这样大的压力梯度，在油田的实际开发过程中根本无法实现，目前水驱的压力梯度大约只有 $10kPa/m$。若将界面张力降低 2×10^4 倍，注水就可以克服毛管阻力开始流动。

当驱动压力梯度大于或等于毛管压力梯度时，注入水开始流动，即有

$$dp/dx \geq p_c/L = 2\sigma/rL \tag{4-2}$$

$$\sigma \leq r \cdot L \cdot (dp/dx)/2 \tag{4-3}$$

仍设孔喉长度 L 为 $50\mu m$，半径为 $1\mu m$，驱动压力梯度为 $10kPa/m$，代入式(4-3)，可求出 $\sigma \leq 2.5\times10^{-4} mN/m$。

可见，要使毛管中油滴的阻力降低、水的注入能力提高、注水压力降低，必须降低注入水的界面张力，这是采用表面活性剂增注的一个重要原理。

(2) 岩石润湿性

以上分析认识是建立在砂岩表面润湿性为强亲油的假设基础上得到的。事实上，在公式 $p_c=2\sigma/r$ 中省略了表征岩层润湿性的重要参数 $\cos\theta_w$，其中 θ_w 为水相润湿角。完善的两相渗流毛管力方程应为

$$p_c = 2\sigma\cos\theta_w/r \tag{4-4}$$

可见，在考虑油层润湿性的情况下，油层亲水性越强，水的毛管压力越低，注水压力也越低，对超低界面张力值的要求相应降低。

4.2.6 分子膜增注工艺

根据油藏分类标准，渗透率低于 $10\times10^{-3}\,\mu m^2$ 的油藏被定义为特低渗透油藏。在注水开发过程中，特低渗透油藏普遍存在注水压力高，注水量不能满足地质配注要求，导致地层能量不能得到及时补充而影响注水开发效果。究其原因：一是特低渗透油藏近井地带岩石的强亲水性导致水锁，造成注水压力不断升高，注水困难；二是随着注水时间的延长，注水井近井地带孔道内的油膜逐渐被注入水冲洗掉，形成的水膜越来越厚，水相渗透率逐渐降低，水渗流阻力越来越大，最后导致注水压力上升，注水效率下降，地层长期欠注；三是特低渗透油藏主要以低孔为主，喉道中值半径小于 $1\mu m$，储层黏土矿物含量相对较高，敏感性强，极易受到伤害，造成注水困难甚至注不进水。

为了有效启动低渗、特低渗透储层，提高该油藏的注水开发效果，尝试注入一种带有阳离子基团的分子膜溶液，分子膜溶液通过吸附改变岩石的润湿性，降低水的流动阻力，提高水相渗透率，从而降低注水压力，改善吸水能力和注水开发效果。

分子膜技术源于 20 世纪 80 年代末在俄罗斯油田的成功应用，在 21 世纪初引入我国首先在驱油实验中获得成功。实验中发现，分子膜吸附于岩石孔隙内表面可以改变岩石的润湿性，利用其憎水性和吸附能力隔开地层岩石与水的接触，有效增大储层孔隙流通半径，大幅降低注入水在孔隙中的流动阻力，消除水锁伤害，提高水相渗透率，避免黏土颗粒的水化膨胀，因而提高油藏的吸水能力，起到降压增注的作用。之后在胜利、中原等油田中低渗透油藏(渗透率大于 $30\times10^{-3}\,\mu m^2$)进行降压增注实验并取得成功，为解决特低渗透油藏注水难题提供了技术思路。

分子膜增注是一种新型的增注技术，它是以水溶液为传递介质，膜剂分子依靠静电相互作用为成膜动力，膜剂有效分子沉积在呈负电性的岩石表面，形成超薄表面分子膜，改变岩石的润湿性，降低界面黏滞阻力，增大水分子扩散能力，使岩石表面更加亲水，从而达到增产、增注、提高原油采收率的目的。特别是对于地层物性比较差、亲油岩层，效果明显。

4.2.6.1 分子膜增注机理

分子膜增注技术主要针对低渗透、特低渗透油藏。这类油藏由于注入水的长期冲刷，使岩石表面的油膜被冲刷掉，表面形成一层不可流动的水膜，亲水性越强水膜越厚，无形中使孔隙的有效通水半径缩小，使储层的渗流能力变差，注水压力上升，吸水指数下降，从而影响水驱油效率。分子膜是一种带有阳离子基团的聚合物，以水溶液为传递介质，膜剂分子依靠静电作用作为成膜动力，膜剂有效分子沉积在呈负电性的岩石表面，改变储层表面的性质。分子膜剂吸附在岩石的表面，将岩石表面的水膜剥离，使水流通道增大，从而降低注水压力。

分子膜增注液体体系主要由纳米分子膜溶液及前置处理液组成，通过一定的工艺方式注入地层后，不仅可以解除有机物与无机物堵塞，同时注入的分子成膜剂(带有阳离子基团的物质)与带有负电荷的储层岩石孔隙表面产生静电吸附作用，可在孔道表面形成一层纳米级的分子沉积膜，迫使原来吸附在孔喉壁面的水膜变薄、脱落继而替代原有的水膜，改变岩石润湿性，扩大孔道半径，减小水的流动阻力，提高水相渗透率。同时，由于存在分子沉积膜，使注入水不能与岩石表面接触，能够有效阻止黏土颗粒的膨胀与运移，提高注水效率。

4.2.6.2 实验研究

SH油田是一个注水开发的多层非均质砂岩油田，储层纵向及平面上渗透率差异大，欠注井层逐年升高，主要集中在低渗油层，大部分井层采用常规酸化或升压措施后仍然无效或有效期短，为减少酸化增注和作业成本，诸如分子膜增注的非酸化增注措施显得异常迫切。分子膜能够改变固液界面、油水界面的润湿性，降低黏滞阻力，降低毛细管阻力，消除油堵、水堵伤害，达到增注的持续有效。该技术在实验室研究和现场应用中均见到了好的效果。

1) 分子膜增注的研究

分子膜(SUN-MD活性分子)是以水溶液为传递介质，膜剂分子依靠静电相互作用为成膜动力，沉积在呈负电性的岩石表面，形成超薄表面分子膜，改变固液界面、油水界面的润湿性，降低毛细管阻力，增大水分子扩散能力，使岩石表面更加亲水，提高水分子的运动扩散力和驱油能力，从而达到增产、增注、提高原油采收率的目的。

(1) 改变润湿性

分子膜通过吸附改变油水液-液界面的润湿性，降低毛管压力。

① 分子膜可拉成5~10cm长的细丝，使油湿孔隙壁上的吸附油流动，即孔隙半径增大。

② 分子膜可使岩石表面由油湿或水湿变为弱水湿；同时可降低黏滞阻力和毛管阻力。

（2）降低注入压力

分子膜可降低致密超低渗透注水井的注入压力。从表4-1可以看出，分子膜驱油剂可使注入压力降低3～5MPa。用于储层物性差、常规酸化无效井层增注，能取得较好的增注效果。

表4-1　分子膜剂驱与注入水驱压力对比表

驱替液	最大注入压力/MPa	最小注入压力/MPa	驱替总时间/h	束缚水饱和度/%	含油体积/mL	采出程度/%
注入水	17.7	13.6	19	34.7	2.29	22.7
纳米剂	13.3	10.53	18	49	1.79	25.1

（3）提高驱油效率

取0.3%～0.5%的sd-2-1分子膜剂，放在水中搅匀，放置1天以上。对实验岩样（岩样号2-108/153-1，孔隙度为7.47%，渗透率为0.108×10^{-3}μm^2，孔隙体积为30.4cm^3，外观体积为28.57cm^3，截面积为4.95cm^2，长度为5.78cm），注入孔隙体积为0.3～0.5PV的该分子膜剂，效果最好。

取不同浓度和体积的分子膜剂共进行了55次分子膜剂提高驱油效率实验（图4-5）。提高驱油效率大于20%的15次；提高驱油效率10%～20%的36次；提高驱油效率2%～10%的3次；提高驱油效率0%～0.1%的1次，平均提高驱油效率12.8%。

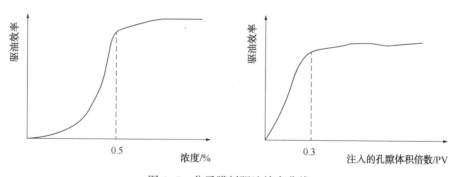

图4-5　分子膜剂驱油效率曲线

2）分子膜单井降压增注实验井效果评价

双H5-10井是双河油田江河区2008年10月12日新投的一口注水井，射孔层位核三段Ⅵ油组8^1、9^1、10^{1}共3个小层，全井合注，配注40m^3/d，投注后在泵压16.2MPa、油压16.0MPa下全井不吸水，欠注严重。按照以往的工作思路，就是采取常规酸化措施解除近井地带污染堵塞，扩大吸水通道，达到解堵增注的目的。但是常规酸化存在二次沉淀污染，易对地层产生新的伤害，重复酸化次数过多更容易伤害地层骨架，造成地层出砂，并且酸化的费用也比较高。因此，为了减少地层伤害，降低生产成本，通过前期论证和可行性研究，决定对双 H5-10 井实施分子膜不动管柱增注措施。

从表 4-2 可以看出：①该井 VI8^1、VI10^1 小层原油含蜡量高，凝固点高，石蜡析出堵塞了孔隙道；②VI8^1、VI10^1 小层胶质沥青含量偏高，增加了黏度，增加了流动阻力；③VI9^1、VI10^1 小层泥质含量较高，堵塞了孔隙道。通过以上分析认为该井适合分子膜降压增注。按表 4-3 配方对双 H5-10 井实施了分子膜降压增注。

表 4-2　双 H5-10 井基础数据

层位	砂厚/m	孔隙度/%	渗透率/$10^{-3}\mu m^2$	凝固点/℃	含蜡量/%	胶质沥青含量/%	泥质含量/%
VI8^1	1	10.01	0.008	28	22.17	18.28	—
VI9^1	3.2	15.62	0.142	28	—	—	14.8
VI10^1	1.2	9.16	0.007	28	28.19	9.45	12

表 4-3　入井液配方设计表　　　　　　　　　　　　　　　m^3

段塞	段塞用料用量			合计用量
	分子膜 A 剂	分子膜 B 剂	清水	
洗井液	0.4	0.9	33.7	35
处理液	1.5	2.8	165	169.3
后置液	0.2	0.6	15	15.8
顶替液	0.1	0.2	20	20.3

4.2.6.3　施工工艺技术

施工工艺技术步骤如下：①洗井，清除井筒污物，为后续处理液注入创造条件；②注入酸液，解除近井地带无机垢堵塞和机械杂质造成的堵塞；③注入活性防膨液，将酸液替入地层；④关井反应 2h，使酸液充分作用；⑤注入清洗预膜剂，在地层中形成最佳吸附环境；⑥注入分子膜溶液，剥离岩石表面的水膜、疏通渗流通道，改变岩石表面的润湿性；⑦关井 48h，开井正常注水。

2008 年 11 月实施该工艺后，该井由不吸水达到日注水 45m^3，实现增注目标。

4.2.6.4 分子膜体系评价

分子膜是一种带有阳离子基团的聚合物，以水溶液为传递介质，膜剂分子依靠静电作用作为成膜动力，膜剂有效分子沉积在呈负电性的岩石表面，改变储层表面的性质，剥落水膜，阻止黏土颗粒的膨胀与运移，从而提高水相渗透率，降低水的流动阻力，达到降压增注的目的。

分子膜浓度与驱替量是影响增注的关键因素，优化参数能够实现改善岩芯渗透率的效果。

室内实验及现场实验效果说明，分子膜增注技术能够改变油藏岩石的润湿性，提高水相渗透率，降低注水压力，这必将在油田注水开发过程中发挥重要作用。

为使分子膜溶液能够顺利进入特低渗透岩芯和油藏孔隙中（主要孔喉半径分布为 $0.1 \sim 1.0 \mu m$），并在孔隙表面形成沉积膜，优选分子膜体系中的最大离散颗粒尺寸小于 300nm。

（1）储层相对渗透率变化特征

用丘陵油田特低渗透砂岩岩芯经石油浸醚蒸馏清洗干净后抽真空测空气渗透率，然后浸泡于注入水中，饱和水后注水至压力、流量稳定，计算水相绝对渗透率；用煤油驱替注入水，至压力、流量稳定且出口无水流出，计算油相相对渗透率 K_{ro1}；注水驱替煤油至 25PV 且出口无油流出，计算水相相对渗透率 K_{rw1}；再注入 1PV 质量分数为 0.2% 的分子膜溶液，注入完毕后，关闭流程 12h，然后重复实验步骤，计算 K_{ro2} 和 K_{rw2}。分子膜处理岩芯前后油水相对渗透率曲线见图 4-6（S_w 为含水饱和度）。由图 4-6 可见，经分子膜溶液处理后，水的相对渗透率大幅增加，油的相对渗透率明显降低。

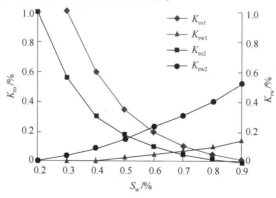

图 4-6　纳米分子膜处理岩芯前后油水相对渗透率曲线

（2）储层润湿性变化特征

在界面张力作用下，油-水、油-固体、水-固体之间的接触界面形成一个稳定的接触角。接触角小于90°时，固体表面呈亲水性；接触角为90°时，固体表面呈双重润湿性；接触角大于90°时，固体表面呈亲油性（即憎水性）。根据拉普拉斯方程（弯液面为球面），储层毛细管中弯液面两侧非润湿相压力与润湿相压力之差即毛管压力。

$$p_e = 2\sigma\cos\theta/r$$

式中　p_e——毛管压力；

　　　σ——界面张力；

　　　θ——接触角；

　　　r——孔隙半径。

在 σ、r 不变的情况下，毛管压力与 $\cos\theta$ 成正比。由于毛管压力作用于非润湿相方向，当储层孔隙表面呈亲水性（接触角小于90°），$\cos\theta$、p_e 为正值，毛管压力表现为驱水阻力，增加驱排孔隙表面吸附水的难度；当孔隙表面呈憎水性（接触角大于90°），$\cos\theta$、p_e 为负值，毛管压力表现为驱排孔隙表面吸附水的动力。用测定润湿角（液体处于静止状态的接触角）实验法评价砂岩、石英薄片在煤油（12h）、分子膜溶液（24h）中浸泡前后润湿性的变化。实验中先测定水滴的高度 h 和与岩石接触面周长 C，再计算润湿角 $\theta[\tan(\theta/2) = 2h/C]$。实验测得砂岩、石英净薄片表面水滴的润湿角、煤油浸泡后薄片表面水滴的润湿角、分子膜溶液浸泡后薄片表面水滴的润湿角。砂岩、石英薄片经煤油处理后润湿角虽然增大，但润湿性未发生改变；经过分子膜溶液浸泡后两种薄片润湿性发生变化，由强亲水性变成强憎水性。可见，由于分子膜在岩芯薄片表面存在吸附作用，导致岩芯薄片表面呈强憎水性。

（3）分子膜吸附特性

注入储层孔隙中的分子膜溶液，由于其分子成膜剂带有阳离子基团，极易与带有负电荷的岩石骨架表面和孔隙表面产生吸附效应。将特低渗含油岩芯、水驱后岩芯和用分子膜溶液驱替后的岩芯薄片样放入透射电镜，可以观察到驱替前岩芯孔隙表面的油膜、水驱替后油膜变少及水膜吸附、分子膜驱替水膜吸附在岩芯孔隙表面的情况。实验结果表明，分子膜溶液易吸附于岩芯孔隙表面，使岩芯孔隙比面积增大，改变界面性质，有利于流动。

4.2.7 酸化增注技术

4.2.7.1 开展酸化增注技术研究的必要性

大多数注水井注水压力逐年增高，注水量逐渐减少，严重影响了注水开发效果。分析认为，酸化工作液针对性差、酸化过程中的二次伤害的存在、酸岩反应认识的不足、质量控制的不完备是导致注水井酸化增注效果差的主要原因。为解决这一问题，必须系统全面地研究储层地质特征，实验分析储层的潜在伤害因素，各种工程作业、酸化增注过程以及注入水本身对储层的伤害机理和伤害程度，研究适宜的酸化工作液体系和酸化工艺技术，解除近井地带的伤害，恢复和提高油层的吸水能力。

注水井伤害机理分析：分析与研究清水、未经处理的污水、有机堵塞、以往酸化压裂措施可能对地层的潜在伤害。

酸化增注方案优选分析：对具体井层而言应根据岩性、物性及伤害因素，采用最经济有效的酸化增注处理措施，如砂岩基质解堵酸化、碳酸盐岩基质酸化、稠化酸压工艺、"稠化酸压+闭合酸化"工艺、多级注入酸化工艺等。

4.2.7.2 低渗欠注井酸化增注难点及技术对策

（1）重复酸化井对储层造成的伤害

在同井层多次采用酸化处理，将会形成较复杂的、严重的储层伤害，且伤害的程度是多种伤害的综合反映。重复酸化使射孔层段井筒变大；胶结物、基质或黏土矿物、长石等溶解后，大量砂粒脱落，部分砂粒随注入液进入储层孔隙会堵塞孔道，导致渗透能力降低；部分砂粒受重力作用沉入井底，使井底抬高，有时甚至使射孔层段变小，降低完善系数；砂粒在井况工作制度变化时还会堵塞油管，增大流动阻力，降低吸水能力。

重复酸化因采用的酸体系和添加剂不同，形成的二次沉淀物不同，部分沉淀物土酸不能消除，形成永久伤害。为消除重复酸化形成的伤害，须对历次酸化采用的添加剂及酸的类型、浓度、配伍性及压力、排量、用量等施工参数做具体分析，弄清伤害的类型、程度，采取相应的措施。

（2）低渗透层伤害分析

低渗欠注层的孔隙度、孔喉、孔隙通道、岩石颗粒大小及分布和渗透性等与酸化过程和酸化后流体在孔隙中的流动，以及酸化后的产物[微粒和二次沉淀物，如絮状的 $Fe(OH)_3$、CaF_2、MgF_2、乳化油等]在孔隙中的运移关系非常密切，直接影响酸化施工及效果。酸化要考虑防止大量微粒运移和沉淀生成。

（3）欠注层酸化矿物特点

酸化液进入地层后，酸与岩石间发生物理、化学作用。盐酸主要与碳酸盐岩作用，氢氟酸与石英、长石、黏土矿物、钻井泥浆等发生反应，地层中含有大量的 K^+、Na^+、SiO_4、Mn^{2+}、Al^{3+}、Fe^{3+}、Fe^{2+}等，这些离子在一定条件下（压力、温度、pH值等），结合形成沉淀，造成二次伤害。土酸酸化后易形成的沉淀主要有 CaF_2、Na_2SiF_6、K_2SiF_6、Na_3AlF_6、K_3SiF_6、$Si(OH)_4$、$Al(OH)_3$、AlF_3、SiF_4、$CaCO_3$，在酸化工作液体系中和工艺设计中应予以重点考虑。

（4）欠注层注地污水伤害特点

油田污水回注，由于污水处理、净化受到诸多条件的限制，使得回注污水在部分指标上超标，对储层造成一点程度的伤害。通过对回注污水分析，其伤害主要是乳化油对孔喉、孔道的堵塞，其次是微粒、悬浮铁、细菌等造成的伤害。

4.2.7.3 低渗欠注井酸化增注对酸液体系的要求

酸与岩石的反应发生在多孔介质中，属多相反应。砂岩酸化常用的主体酸种类很多，除碳酸盐含量较高的储层外，最终都为土酸或在储层条件下能生成HF的酸液体系。选择原则根据储层矿物组分、胶结、污染类型及其程度和储层温度等情况综合考虑。碳酸盐岩储层酸化目前采用的主体酸主要为盐、盐酸与有机酸的混合体系、稠化酸、乳化酸、泡沫酸等。国内外常用的砂岩酸液体系主要有：常规土酸、氟硼酸、磷酸/HF、有机酸/HF、胶束土酸、地下生成酸、固体酸等，其主体都是HF或氟化物水解形成HF和HCl。应用时根据具体目的和工艺要求，并结合长短岩芯实验和现场的施工情况选择确定。

（1）酸液性能

根据要改造层段储层特征、敏感性及欠注井伤害因素分析，酸液应具备以下特征：

① 能够解除钻井、固井、完井等过程引起的地层堵塞；

② 能够解除注水及增注过程所引起的地层伤害；

③ 对金属设备、管串的腐蚀性小。

④ 在储层黏土含量高、渗透率低时，应控制酸液体系中的HF浓度，不能太高，以使所优选酸液体系既能有效解堵，又不会过度溶蚀地层破坏地层骨架，避免对储层造成新的伤害；

⑤ 酸液添加剂在酸中和地层条件下配伍性好；

⑥ 现场可操作性强，性/价比合理。

（2）酸液添加剂的评价与筛选

低渗透欠注井的酸化效果，在很大程度上依赖于所选用的添加剂。

酸用添加剂种类很多，应根据储层矿物成分，特别是一些容易造成二次伤害的黏土矿物、胶结物的含量，原油组分及储层温度等来综合考虑；除满足特定的功能外，应考虑到各种添加剂之间、添加剂和酸液之间的配伍性、协同效应，还应在储层条件下具有良好的配伍性，不应有黏稠物、悬浮物、沉淀物、油状物或颗粒等产生；添加剂的选择确定应以性能优良，使用浓度低，成本低，货源广等进行全面考虑。

根据油田实际，应在室内对酸液缓蚀剂、缓速剂、洗油剂、互溶剂、铁离子稳定剂、黏土稳定剂、防乳破乳剂、表面张力降低剂、抗酸渣剂、暂堵剂、胶束剂等进行综合筛选与评价。

4.2.7.4 储层敏感性分析研究

分析油气储层的敏感性，是研究储层损害机理、保护储层或减小储层损害的重要技术。储层敏感性的评价分析是一项综合性的实验研究工作。

储层速敏性的大小主要与储层岩石矿物中各种成分的胶结程度，孔隙孔喉的分布和流体种类及其流速大小有关。通常颗粒胶结疏松，喉道弯曲，润湿性流体和流速高易将岩石颗粒冲刷下来，堵塞孔隙孔喉，降低储层的渗透率。

储层盐敏性的大小与进入储层流体的盐度有关，通常注入流体的盐度高于储层流体的盐度，不会导致储层岩石发生盐敏，但也有可能引起黏土的收缩、失稳和脱落。但是当较低盐度的流体进入地层，并与储层岩石矿物接触时，黏土所具有的离子交换特性，使黏土中的离子朝进入水中的方向移动，黏土表面静负电荷增加，导致黏土颗粒之间因静电排斥作用而膨胀和分离，引起孔隙空间和吼道收缩，从而发生盐敏。注入淡水时岩石的渗透率与注入地层水时岩石的渗透率之比表示盐敏系数，此值越小，表示岩石盐敏性越严重。

储层水敏性的大小主要与岩石矿物中水敏性黏土矿物的含量有关，蒙脱石遇水后体积膨胀，使流动喉道缩小，而高岭石遇水后易分散运移，从而随着注入水流动造成堵塞，使储层的渗透率急剧下降。储层酸敏性的大小与储层中的酸敏感矿物酸的类型和浓度有关，通常储层中的绿泥石和绿蒙混层的含量直接相关，其含量越高，越易导致储层的酸敏，形成絮状胶体，堵塞储层的孔隙孔喉，使渗透率降低。砂岩的胶结物以泥岩为主，一般泥质含量为 6%~21%。构成泥质的黏土矿物主要由绿泥石和伊利石组成，其含量占黏土矿物总含量的 60%~70%，其次是蒙脱石-绿泥石混合层和蒙脱石-伊利石混合层，结合流动实验，证明储层存在中等的酸敏性。

4.2.7.5 应用结果

通过以上敏感性实验分析，结合储层黏土矿物成分的分析结果，对其潜在的伤害机理做如下分析：

① 扫描电镜分析砂岩储层的高岭石单晶为硅氧四面体和铝氧八面体组成六角板状，水中不易膨胀，但地层中集结体常呈页状结构，松散附着在砂粒表面或粒间孔隙，形成桥塞，且易受液体冲刷而分散运移，堵塞吼道。因其含量小，不会对储层造成严重的伤害。

② 储层伊砾石含量相对最高，在储层中呈弯曲针状结晶，附着在砂粒表面，增加孔隙吼道的弯曲性，且易受流体作用而脱落，进入孔隙吼道，造成堵塞。因含量较大，对储层的伤害也处于主要地位，因此应加黏土稳定剂预防。

③ 绿泥石单晶为针叶状，集结为绒球状。在酸性介质中，释放出 Fe^{3+}，当 $pH \geqslant 2.2$ 时，开始产生 $Fe(OH)_3$ 沉淀，在 $pH \geqslant 4.3$ 时，$Fe(OH)_3$ 沉淀完成，这是一种具有片状结晶的凝胶物质，极易在吼道处堵塞。因其在储层中的含量较高，因此在酸化中应预防处理，减小其伤害。

④ 储层都有一定量的绿/蒙混层和伊/蒙混层，这种片状和絮状结构体由于层间分子力弱，水易侵入，离解阳离子而发生膨胀、分散、运移，堵塞储层孔隙通道，也要在酸液体系中加强预防。

第 5 章

表面活性剂降压技术

5.1 表面活性剂特性

5.1.1 物理化学性质

5.1.1.1 表面活性

液体表面上的分子并不像其内部分子一样完全被其他的分子所包围，因此溶液内部的分子对表面分子施加一个向液体内部的净作用力，这种力使表面有收缩的趋势，即表面张力。

表面活性剂在较低浓度时，溶液表面形成单分子层，可降低溶液的表面张力。

表面活性剂的表面活性除与浓度有关外，其分子结构、碳链的长短、不饱和程度及亲水亲油平衡值等均可影响其表面活性的大小。

5.1.1.2 表面活性剂胶束

（1）临界胶束浓度（critical micellcon centration，CMC）

胶束（micelles）：当表面活性剂的正吸附达饱和后，继续加入表面活性剂，其分子则转入溶液中，因其亲油基团的存在，水分子与表面活性剂分子相互间的排斥力大于吸引力，导致表面活性剂分子自身依赖范德华力相互聚集，形成亲油基团向内、亲水基团向外、在水中稳定分散、大小在胶体粒子范围的缔合体，称为胶团或胶束（micelles）（图5-1）。

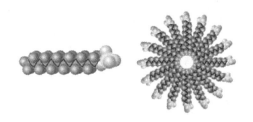

图5-1 胶束

表面活性剂分子缔合形成胶束的最低浓度即为临界胶束浓度。

离子型表面活性剂的缔合数为10~100；非离子型表面活性剂缔合数一般较大。具有相同亲水基的同系列表面活性剂，若亲油基团越大，则CMC越小。在达到CMC时，溶液的表面张力基本上到达最低值。

在CMC达到一定范围内，单位体积内胶束数量和表面活性剂的总浓度几乎成正比。

不同表面活性剂有其自己的临界胶束浓度，除与结构和组成有关外，还可随外部条件变化而不同，如温度、溶液的pH及电解质等均影响CMC的大小。

(2)胶束的结构

在一定浓度范围的表面活性剂溶液中，胶束呈球形结构，其碳氢链无序缠绕构成内核，具非极性液态性质。碳氢链上一些与亲水基相邻的次甲基形成整齐排列的栅状层。亲水基则分布在胶束表面，由于亲水基与水分子的相互作用，水分子可深入到栅状层内(图5-2和图5-3)。对于离子型表面活性剂，则有反离子吸附在胶束表面。

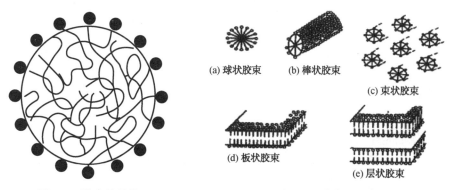

图5-2 胶束的结构　　　　　　　　图5-3 胶束的形态

从球形结构到层状结构，表面活性剂的碳氢链从紊乱分布转变成规整排列，完成了从液态向液晶态的转变，表现出明显的光学各向异性性质，在层状结构中，表面活性剂分子的排列已接近于双分子层结构。

在高浓度的表面活性剂水溶液中，如有少量的非极性溶剂存在，则可能形成反向胶束，即亲水基团向内，亲油基团朝向非极性液体。

油溶性表面活性剂如钙肥皂、丁二酸二辛基磺酸钠和司盘类表面活性剂在非极性溶剂中也可形成类似反向胶束。

(3)临界胶束浓度的测定

临界胶束浓度如图5-4所示。

5.1.1.3 亲水亲油平衡值

表面活性剂是由亲水基团和亲油基团所组成，其亲水性和亲油性的强弱是影响表面活性剂性能的主要因素。

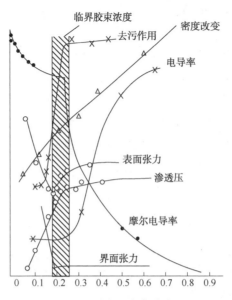

图 5-4　临界胶束浓度

亲水亲油平衡值(Hydrophile-lipophile balance，HLB)：表面活性剂分子中亲水和亲油基团对油和水的综合亲和力称为亲水亲油平衡值。

亲油性或亲水性很大的表面活性剂易溶于油或易溶于水，在溶液界面的正吸附量较少，故降低表面张力的作用较弱。

HLB 范围为 0~40。

非离子表面活性剂：HLB=0~20；

石蜡(完全由疏水的碳氢基团组成)：HLB=0；

聚氧乙烯(完全由亲水的氧乙烯基组成)：HLB=20；

十二烷基硫酸钠：HLB=40；

亲水性表面活性剂 HLB 较大，亲油性表面活性剂 HLB 较小。

表面活性剂 HLB 与其应用性质：

W/O 乳化剂：HLB：3~6；

O/W 乳化剂：HLB：8~18；

增溶剂：HLB：13~18；

润湿剂：HLB：7~9；

消泡剂：HLB：1~3。

非离子表面活性剂的加和性：$HLB_{ab}=HLB_a \times a\% + HLB_b \times b\%$

以上公式不适用于混合离子表面活性剂 HLB 值的计算。

HLB 值的理论计算法：把表面活性剂的 HLB 值看成是分子中各种结构基团贡献的总和，则每个基团对 HLB 值的贡献可以用数值表示，这些数值称为 HLB 基团数（groupnumber），将各个 HLB 基团数代入下式，即可求出表面活性剂的 HLB 值：

$$HLB = \sum(亲水基团\ HLB\ 数) - \sum(亲油基团\ HLB\ 数) + 7$$

5.1.1.4 表面活性剂的增溶作用

（1）胶束增溶

增溶（solubilization）：表面活性剂在水溶液中达到 CMC 后，一些水不溶性或微溶性物质在胶束溶液中的溶解度可显著增加，形成透明胶体溶液，这种作用称为增溶。例如，甲酚在水中溶解度为 2%，而在肥皂溶液中为 50%。非洛地平在 0.025% 吐温溶液中溶解度增加 10 倍。胶束增溶体系是热力学稳定体系也是热力学平衡体系。

在 CMC 以上，随着表面活性剂用量的增加，胶束数量增加，增溶量也相应增加。

最大增溶浓度（maximum additivecon centration，MAC）：当表面活性剂用量为 1g 时增溶药物达到饱和的浓度即为最大增溶浓度。1g 十二烷基硫酸钠可增溶 0.262g 黄体酮，1g 吐温 80 或吐温 20 可分别增溶 0.19g 和 0.25g 丁香油。CMC 越低、缔合数越大，MAC 越高。

（2）温度对增溶的影响

温度对增溶存在三方面的影响：

① 影响胶束的形成；

② 影响增溶质的溶解；

③ 影响表面活性剂的溶解度。

Krafft 点：对于离子型表面活性剂，例如十二烷基硫酸钠在水中的溶解度随温度变化曲线，如图 5-5 所示。

对于离子型表面活性剂，随温度升高至某一温度，其溶解度急剧升高，该温度称克拉费特点。Krafft 点是离子型表面活性剂的特征值。Krafft 点也是表面活性剂应用温度的下限，或者说，只有在温度高于 Krafft 点表面活性剂才能更好地发挥作用。

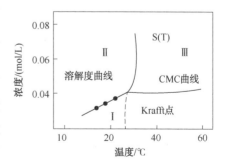

图 5-5　烷基硫酸钠在水中的溶解度曲线

起昙与昙点（cloud point）：某些氧乙烯型非离子型表面活性剂因加热其溶解度随温度升高而急剧下降并析出，使溶液变为混浊，这种现象称为起昙，此时的温度称为浊点或昙点。

昙点是非离子型表面活性剂的特征值。此类表面活性剂的昙点在 70～100℃。

产生昙点的原因：温度升高，导致聚氧乙烯链与水之间的氢键断裂，当温度上升到一定温度时，聚氧乙烯链可发生强烈脱水和收缩，使增溶空间减小，增溶能力下降，表面活性剂溶解度急剧下降和析出，溶液出现混浊；当冷却时氢键重新形成，又恢复澄明状态。

在聚氧乙烯链相同时，碳氢链越长，则昙点越低；在碳氢链长相同时，聚氧乙烯链越长则昙点越高。

5.1.2 表面活性剂的生物学性质

（1）表面活性剂对药物吸收的影响

研究发现表面活性剂的存在可能增进药物的吸收也可能降低药物的吸收。取决于多种因素的影响，如药物在胶束中的扩散、生物膜的通透性改变、对胃空速率的影响、黏度等，很难作出预测。

（2）表面活性剂与蛋白质的相互作用

静电结合：破坏蛋白质二维结构中的盐键、氢键和疏水键

（3）表面活性剂的毒性

毒性：阳离子表面活性剂>阴离子表面活性剂>非离子表面活性剂。

阳离子、阴离子表面活性剂不仅毒性较大，还有溶血作用，非离子表面活性剂的溶血作用较轻微，吐温类溶血作用最小。

溶血：聚氧乙烯烷基醚>聚氧乙烯芳基醚>聚氧乙烯脂肪酸酯>吐温类。

吐温 20>吐温 60>吐温 40>吐温 80

目前，吐温类表面活性剂仍只用于某些肌肉注射液中。

（4）表面活性剂的刺激性

各类表面活性剂都可以用于外用制剂，但长期应用或高浓度使用可能出现皮肤或黏膜损害。

例如，季铵盐类化合物高于 1%即可对皮肤产生损害，十二烷基硫酸钠产生损害的浓度为 20%以上，吐温类对皮肤和黏膜的刺激性很低，但同样一些聚氧乙烯醚类表面活性剂在 5%以上浓度即产生损害作用。

5.2 表面活性剂分类

表面活性剂的分类方法很多，根据疏水基结构进行分类，可分为直链、支链、芳香链、含氟长链等；根据亲水基进行分类，可分为羧酸盐、硫酸盐、季铵盐、PEO 衍生物、内酯等；有些研究者根据其分子构成的离子性分成离子型、非离子型等，还有根据其水溶性、化学结构特征、原料来源等各种分类方法。其实众多分类方法都有其局限性，很难将表面活性剂合适定位，并在概念内涵上不发生重叠。

人们一般都认为按照它的化学结构来分比较合适。即当表面活性剂溶解于水后，根据是否生成离子及其电性，分为离子型表面活性剂和非离子型表面活性剂。按极性基团的解离性质分类：

阴离子表面活性剂：硬脂酸、十二烷基苯磺酸钠；

阳离子表面活性剂：季铵化物；

两性离子表面活性剂：卵磷脂、氨基酸型、甜菜碱型；

非离子表面活性剂：脂肪酸甘油酯、脂肪酸山梨坦(司盘)、聚山梨酯(吐温)。

5.2.1 阴离子活性剂

(1) 肥皂类

是高级脂肪酸的盐，通式：$(RCOO^-)_nM$。脂肪酸烃 R 一般为 11~17 个碳的长链。常见有硬脂酸、油酸、月桂酸。根据 M 代表的物质不同，又可分为碱金属皂、碱土金属皂和有机胺皂。它们均有良好的乳化性能和分散油的能力。但又易被破坏，碱金属皂还可被钙、镁盐破坏，电解质亦可使之盐析。

碱金属皂：O/W；

碱土金属皂：W/O；

有机胺皂：三乙醇胺皂。

(2) 硫酸化物 $RO-SO_3-M$

主要是硫酸化油和高级脂肪醇硫酸酯类。脂肪烃链 R 在 12~18 个碳之间。

硫酸化油的代表是硫酸化蓖麻油，俗称土耳其红油。高级脂肪醇硫酸酯类有十二烷基硫酸钠(SDS、月桂硫酸钠)。

乳化性很强，且较稳定，较耐酸和钙、镁盐。在药剂学上可与一些高分子阳离子药物产生沉淀，对黏膜有一定刺激性，用作外用软膏的乳化剂，也用于片剂等固体制剂的润湿或增溶。

（3）磺酸化物 R-SO₃-M

属于这类的有脂肪族磺酸化物、烷基芳基磺酸化物和烷基萘磺酸化物。它们的水溶性和耐酸耐钙、镁盐性比硫酸化物稍差，但在酸性溶液中不易水解。常用品种有：二辛基琥珀酸磺酸钠(阿洛索-OT)、十二烷基苯磺酸钠、甘胆酸钠。

5.2.2　阳离子活性剂

该类表面活性剂起作用的部分是阳离子，因此称为阳性皂。其分子结构主要部分是一个五价氮原子，所以也称为季铵化合物。其特点是水溶性大，在酸性与碱性溶液中较稳定，具有良好的表面活性作用和杀菌作用。常用品种有苯扎氯铵(洁尔灭)和苯扎溴铵(新洁尔灭)等。

5.2.3　两性离子活性剂

这类表面活性剂的分子结构中同时具有正、负电荷基团，在不同 pH 值介质中可表现出阳离子或阴离子表面活性剂的性质。

① 卵磷脂：是制备注射用乳剂及脂质微粒制剂的主要辅料

② 氨基酸型和甜菜碱型：

氨基酸型：$R-NH+2-CH_2CH_2COO—$

甜菜碱型：$R-N+(CH_3)_2-COO—$

在碱性水溶液中呈阴离子表面活性剂的性质，具有很好的起泡、去污作用；在酸性溶液中则呈阳离子表面活性剂的性质，具有很强的杀菌能力。

5.2.4　非离子表面活性剂

HLB 为 3~4，主要用作 W/O 型乳剂辅助乳化剂。

蔗糖酯：HLB(5~13)O/W 乳化剂、分散剂；

脂肪酸山梨坦(Span)：W/O 乳化剂；

聚山梨酯(Tween)：O/W 乳化剂。

能耐受热压灭菌和低温冰冻，静脉乳剂的乳化剂。

5.3　降压原理

超低渗透砂岩油藏中流体流动能力较差、油水渗流相互制约，注水阻力大，注入过程压力高，注水井附近形成的高压区使注水压差进一步降低，注水难度进一步增大。总体而言，导致这类矛盾的主要原因是由于低渗透油藏物性较差，如渗透率低、孔喉结构复杂、油/水/固界面张力差异，导致水锁效应及贾敏效应、造成润湿性差异等诸多影响。

在超低渗透油藏中，润湿性的差异导致毛管力的差异，进而导致流体在多孔介质中的流动方式不同。而由于孔隙结构分布比较广，当水驱进入到大孔道后，很难进入较小的孔道，随着水驱的深入，大孔道表面的水化膜厚度增加，含水饱和度增加，同时油相渗透率降低，残余油流动阻力增大，当一定压力下进入亲水通道的油流，曲面效应将产生附加的"水锁"阻力，当油滴运移至孔喉时，还将产生较强的贾敏效应。

对于超低渗透油藏注水井降压增注，目前主要工艺是酸化及压裂等措施，有时也用到冲击波、水力振荡等辅助手段，以及物理方法和酸液复合的一些增注措施，这些措施能解除因固相颗粒堵塞、结垢堵塞、细菌堵塞等造成绝对渗透率下降引起的水井欠注问题，但对于因地层低渗引起的地层流体渗流困难、驱替压差增大、初始启动压力梯度大等深层次问题，却无能为力。

表面活性剂不但能降低油水界面张力，还可以一定程度上解决润湿性、水锁效应、贾敏效应对注水压力的影响，降低注入压力，减小高压注水难度。因此，研究表面活性剂降压增注具有较现实积极意义。

生物表面活性剂降压增注技术原理：当油层的油气进行渗透时，岩石-原油-水系统界面在液体和固体直接接触时，固体的表面上选择性地吸附液体的某些组分，使液体的某些成分在这里浓缩，形成一个其物理化学性质有别于液体体相性质的薄液体层，称之为边界层。在边界层内原油的组分呈现出有规律的变化，在越靠近固体表面的地方，胶质和沥青质的含量越大，在远离固体表面的地方，边界层内原油的组分逐渐过渡到原油体相的组分。这表明，在离固体表面不同的地方，原油边界层有不同的结构力学性质。

不同的压力梯度只能驱动具有相应结构力学性质的原油，不同结构力学性质的原油有各自相应的极限剪切应力。当剪切应力等于或小于这个极限剪切应力时，该原油是不能流动的。这就是低渗或特低渗油层中渗流时呈现某种启动压力梯度的根本原因。

微生物制剂中有有机酸、有机溶剂、表面活性剂和活菌体组成，这些有机代谢产物对于清除岩石表面的原油边界层、降低毛管力、改善油水渗特征具有良好的效果。微生物制剂中含有的大量的活菌体，它们能以岩石表面吸附层的原油为营养源而生长繁殖，因此将会对原油边界起到直接破坏作用。边界原油的清除，将大大降低启动压力，改变油水渗流规律，起到降压增注效果。

微生物制剂中的生物表面活性剂和保护段塞中的表面活性剂能够吸附到岩石表面，改变岩石表面的润湿性，使岩石表面呈现强亲水特性。对于具有亲水特性的孔隙介质表面，当油水两相渗流时，原油与岩石表面的黏附力会大大减弱，宏观上表现为油水流动阻力降低，注入压力下降，表面活性剂的存在，降低了油水界面张力，使水井井底附近的原油可能克服由第三毛管力所形成的贾敏效应而通过喉道，达到了疏通的目的。

性能指标：①矿场实验有效率在80%以上；②矿场实验有效期6个月以上；③矿场实验工艺成功率达90%；④注水量、注入压力下降1~2MPa以上，或注入压力不变，注水量超过原子核注水量25%以上；⑤投入产出比为1∶2以上。

创造性和先进性：该技术首次将生物与化学技术创造性有机结合在一起，并将微生物技术首次应用在油田注水井的降压增注领域，属国内首创。它的先进性在于该技术在应用过程中施工、工艺简单、对环境及地层无二次污染。

5.4　性能评价

5.4.1　实验药剂与设备

（1）实验药剂

氯化钠（AR）；氯化钾；无水氯化钙（AR）；无水氯化镁（AR）；浓盐酸（AR）；甲醇（AR）；无水乙醇（AR）；四氯化碳（AR）；苯（AR）；丙酮（AR）；氢氟酸（AR）；煤油（工业级）；90#沥青（工业级）；碘化钾（AR）；仲烷基磺酸钠（AR）；十六烷基三甲基氯化铵（工业级）；椰油二乙醇酰胺（工业级）；椰油酰胺丙基羟基磺基甜菜碱（工业级）；AD86 表面活性剂（工业级）。

（2）实验设备

电子天平 PB2002-N 型；定时恒温磁力搅拌器 JB-3；数显恒温水浴锅 HH-2；表界面张力仪 DCAT21；自动界面张力仪 GW-200B；Zeta 电位及纳米粒度分析仪；光学接触角测量仪 DSA100；原子力显微镜 SPI380ON/SPA400；CT 扫描仪 Zeiss Xradia20 Versa；分析天平 ME204；多功能高效洗油仪 DY-5；抽真空岩石饱和装置 XD12x；数控超声波清洗器 KQ5200DE；多功能粉碎机 SY250；

标准检验筛(100目)；标准帆布圆片(φ35mm)；玻璃点样毛细管(φ0.3mm)；载玻片7101。

5.4.2 AD86 表面活性剂基本理化指标

AD86 表面活性剂基本理化指标见表5-1。

表5-1 AD86 表面活性剂基本理化指标

测试项目	测试结果
外观	淡黄均一液体
密度/(25℃、g/cm^3)	1.010
pH 值	9.5
有效含量/%	27.5
稳定性(3000r/min、10min)	离心后前后样品均无无明显分层、絮凝及沉淀

5.4.3 临界胶束浓度(CMC)

表面活性剂溶液中表面活性分子形成一定形状的胶束，开始形成胶束所需最低表面活性剂浓度称为临界胶束浓度(CMC)，是衡量表面活性的重要指标。根据 GB/T 11276—2007，采用表面张力法测定表面活性剂 AD86 的临界胶束浓度。

通常，为了控制添加量，要求表面活性助剂在尽可能少的情况下达到使用效果，即要求其临界胶束浓度尽可能低。测试样品的 CMC 值，同时测试了几种常见的表面活性剂作为对比，测试结果见表5-2(其中：40% 6501 表活剂难溶、浑浊)。

表5-2 不同类型表面活性剂的 CMC 及临界表面张力

产品名称	SAS60	1631	40% 6501	AD86
临界胶束浓度/(g/L)	0.714	0.668	0.0093	0.054
临界表面张力/(mN/m)	34.17	30.28	29.4	28.53

表面活性剂浓度在 CMC 值以上才能表现出良好的表面活性，因此较低的 CMC 值表现出更高的表面活性和较低的使用浓度。AD86 表面活性 CMC 值为 0.054g/L，临界表面张力为 28.53mN/m，具有良好的表面活性。

在常用表面活性剂类型中，仲烷基磺酸钠(SAS60)分子链有 12~16 个碳，亲水基为磺酸根，CMC 值为 0.714g/L；十六烷基三甲基溴化铵(1631)疏水链有 16 个碳，亲水基为季铵盐，CMC 值为 0.67g/L，这两类表面活性剂因为亲水基可电离，在水中可以完全溶解，水溶性都很好。椰油二乙醇酰胺疏水链为 $C_8 \sim C_{18}$，亲水基为两个羟乙基，通过氢键作用而溶于水，在水中溶解度很小，同时受盐溶液的影响较大，0.1%溶液为浑浊状态，CMC 值为 0.0093g/L；AD86 为氟碳+双子复合型表面活性剂，在水中具有良好的溶解性，CMC 值为 0.054g/L。

5.4.4 油/水界面张力

测试样品在不同浓度下的表/界面张力，并与几种常用的表面活性剂溶液进行对比，测试结果见表 5-3。

表 5-3 不同表面活性剂界面张力

产品名称	1631	SAS60	CHSB	6501	AD86
界面张力/(mN/m，500mg/L)	1.37	1.91	4.74	2.85	1.12
界面张力/(mN/m，3000mg/L)	0.84	0.42	2.05	1.83	0.006

上述几种不同类型的表面活性剂，界面张力均随着浓度增大而降低，其中，阴离子和阳离子表面活性剂的油水界面张力较低，非离子次之。合成的表面活性剂 AD86 界面张力为 0.006mN/m，具有超低界面张力性能。同时，随着 AD86 用量的增加，表/界面张力逐渐减小。为进一步研究确定 AD86 表活剂最佳使用浓度，继续实验 AD86 表活剂界面张力随质量浓度的变化趋势(图 5-6)。

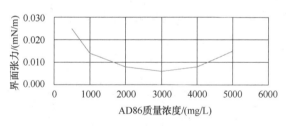

图 5-6 AD86 表活剂界面张力随质量浓度的变化趋势

实验结果说明：AD86 表活剂质量浓度为 3000mg/L 时，界面张力达到最低(6×10^{-3}mN/m)，具有超低界面张力性质；随质量浓度的提高(>3000mg/L)，界面张力有小幅度回升，但仍介于 $10^{-2} \sim 10^{-3}$ 数量级；AD86 表活剂最佳使用浓度为 3000mg/L。

5.4.5 润湿时间

润湿所用时间越短，表明液体在固体介质表面铺展、扩散得越快，一定程度反映了表面活性剂溶液改变岩石润湿性能。根据 HG/T 2575—1994，采用浸没法对表面活性剂的润湿性进行测试，测试浓度 0.3%。因为帆布圆片中本身含有一定的空气，因此帆布圆片浸入溶液后趋于浮到液面，当表面活性剂溶液进入帆布片后，空气被溶液代替，帆布片在重力作用向容器底部下沉。

实验中所使用的帆布圆片依据 GB 2907《鞋用本色帆布》中编号为 5102 号帆布（φ35mm）剪制而成，按照要求，将帆布片放在盛有亚硝酸钠饱和溶液的恒湿器中放置 1d 后测试。

配制质量分数为 0.3% 的 AD86 水溶液，开始测试前保持溶液温度为（20±2）℃。测试应在溶液配制后的 15min~2h 内进行。实验结果见表 5-4。

表 5-4　不同表面活性剂（浓度 0.3%）润湿时间

产品名称	SAS60	1631	JFC	AD86
润湿时间（蒸馏水）	6s	8min	5min30s	1min25s
润湿时间（10000ppm 矿化度水）	沉淀	12min	9min30s	2min30s

蒸馏水中，SAS60 润湿性最佳（润湿时间仅需 6s），AD86 表活剂次之（润湿时间 85s）；矿化水中（10000ppm），SAS60 产生沉淀现象（耐盐性差），AD86 表活剂仍然表现出较好的润湿性（润湿时间 150s，耐盐性较好）；综合分析，AD86 表活剂具有较好的润湿性。

5.4.6 Zeta 电位

当表面活性剂分子在岩石表面发生吸附后，岩石表面原本的电荷扩散层受到活性剂分子极性及亲水基电荷的影响，使得 Zeta 电位值发生变化，电位的绝对值越大，说明吸附越稳定。

砂岩颗粒属于晶体，存在晶格取代现象，使得其内部并非电中性，砂岩表面结合有一些阳离子以平衡电价。当砂岩被浸泡在水溶液中时，表层的阳离子会有一部分进入溶液中，在砂岩表面附近形成扩散层。从而在岩芯表面形成一层不稳定的水膜，使砂岩表面呈现负电性，其 Zeta 电位值为 $-11mV$。

将岩芯用固体粉碎机粉碎，用 300 目筛子过筛得到直径 ≤50μm 的岩芯颗粒，然后进行抽提除杂，放在干燥器中备用。将岩芯粉与 0.3% 的 AD86 表面活性剂溶液按照 10∶90 的比例混合，静置 2h 然后测定 Zeta 电位，结果如图 5-7 所示。

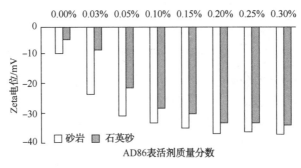

图 5-7　AD86 对岩芯粉 Zeta 电位的影响

由图可知，砂岩和石英粉表面的 Zeta 电位值随着 AD86 添加量的增大呈现先降低后趋于平稳的状态，且 AD86 水溶液在砂岩表面的电位绝对值大于 35mV。由于 AD86 分子在固体表面的吸附使得表面电位不断降低，当 AD86 吸附饱和后，表面电位值基本不再变化。而 Zeta 绝对值大于 30mV 时即可认为吸附稳定，因此 AD86 溶液可以在岩石表面形成稳定的水化膜，使其呈现为强的水润湿性。

5.4.7　润湿性能(接触角)

油/水界面毛细管力的方向取决于固体介质表面润湿性，如果该方向与水进入岩芯介质中的方向一致，那么在毛细管力作用下的就能发生自吸，否则，毛细管力则成为自吸发生的阻力，因此，油湿介质中注入水难以发生自吸驱油。岩石亲水性越好，自吸效果也越好，接触角是润湿性的重要评价指标，由强水湿、中等水湿、弱水湿到油湿，接触角由小变大，渗透效果越来越差。实验过程如下：

(1) 老化岩芯片制备

① 将大块岩芯切割成规格的柱状岩芯，将岩芯进行切片，岩芯切片的厚度严格控制在 0.3cm；

② 岩芯薄片处理：用溶剂加热回流除杂、烘干至恒重、备用；

③ 老化岩芯薄片：将岩芯薄片浸泡的模拟油(沥青∶原油∶煤油=1∶3∶6)中，温度模拟地层温度(70℃)，持续浸泡 4 个月(或按照实际需求调整，须保证每次实验的重现性)。

（2）测试原理

分别使用天然岩芯片和疏水载玻片作为载体，采用反滴（航空煤油）和躺滴（蒸馏水）测试表面活性剂浸泡油湿性固体一定时长后、油湿性固体表面的接触角变化情况（图5-8）。

(a) 反滴   (b) 正滴

图 5-8   接触角测试原理示意图

（3）天然岩芯测试结果

将岩芯薄片放入不同质量分数的 AD86 水溶液中，60℃浸泡，浸泡不同时间后测试接触角，计算相同时间间隔内接触角变化值，观察对比其变化趋势。实验结果见图5-9。

图 5-9 结果表明，浸泡的时间越长，油滴与岩芯片之间的接触角越大，且当 AD86 的质量分数增大时，相同时间间隔内接触角的变化范围变大。直观说明 AD86 可以将油湿岩芯表面改造为亲水性，且添加量越高，润湿改变速度越快，改变程度也越大。当质量分数为 0.3%时，可将油湿性岩芯片表面接触角由 28°增大到 130°，改变范围达 102°。

继续浸泡实验，从图5-10可见：0.3%表面活性剂 AD86 在浸泡岩芯薄片前，岩片表面是厚的老化沉积油层；60℃浸泡1天后，岩片由黑色变为棕色，表面的沉积性油性组分已经脱离下来，岩片表面出现肉眼可见的油珠，说明 AD86 水溶液已经将岩片孔隙内的一部分原油替换出来；浸泡2天后岩片表面油珠减少，且岩片表面大部分区域已经变成灰白色，说明该区域岩片表面的油膜已经完全被剥离。这个过程证明 AD86 改变润湿性能力良好。

（4）疏水载玻片测试结果

将处理过的疏水载玻片浸泡在配好的 AD86 溶液中，测试浸泡一段时间后水和载玻片的接触角,并计算相同时间间隔内接触角变化值。实验结果见图5-11。

图5-11结果表明,采用疏水载玻片测得的接触角变化趋势与天然岩芯片测试结果基本一致,疏水载玻片表面与水滴的接触角随时间逐渐减小,且AD86用量越大,相同时间内接触角变化值越大。将之与其他类型的表面活性剂进行对比,见表5-5、图5-12。

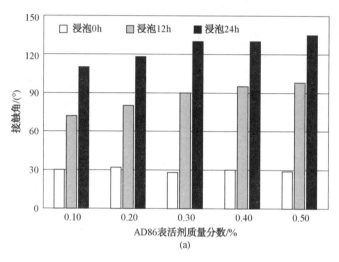

(a)

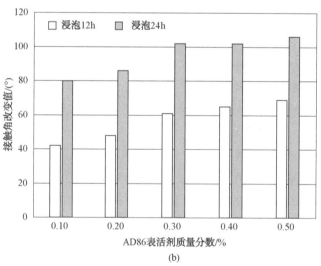

(b)

图5-9　AD86对天然岩芯片接触角的改变情况

(a) 0天   (b) 1天   (c) 2天

图 5-10   AD86 对岩芯薄片润湿改变效果图

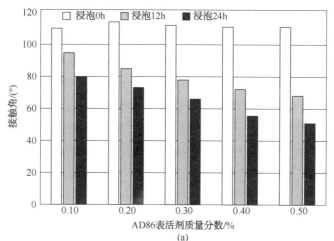

(a)

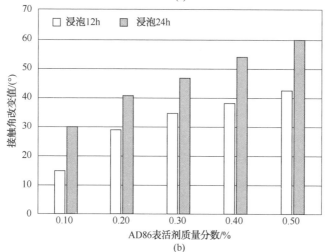

(b)

图 5-11   AD86 对疏水载玻片接触角的改变情况

表5-5 疏水载玻片在不同表面活性剂浸泡后与水的接触角 (°)

浸泡时长	清水	1631	SAS60	AOT	CHSB	6501	HQ-1	AD86
0h	101.59	119.65	115.45	117.74	119.51	124.15	117.8	119.93
2h	95.43	93.82	77.11	81.21	89.51	85.37	76.63	73.09
变化量	6.16	25.83	38.44	36.53	30	39.13	41.17	46.84

图5-12 疏水载玻片在不同表面活性剂浸泡后与水的接触角

将载玻片在不同的水溶液中浸泡2d后，用清水处理的载玻片与水滴的接触角变化不大，用6501和SAS60处理的载玻片与水滴的接触角变化范围达到将近40°，而此时用CHSB和1631处理的载玻片与水滴之间的接触角变化范围低于30°，用AD86处理的载玻片与水滴的接触角变化范围达到45°，处理两天后接触角为73°，载玻片呈现中性偏亲水性，润湿改变性能良好，与天然岩芯片测试结果基本一致。

进一步延长AD86表面活性剂润湿性测试时间，考察其对油湿性岩芯薄片润湿性的影响，接触角随时间的变化关系如图5-13所示。

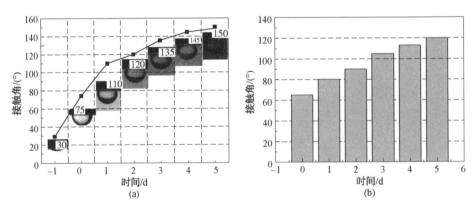

图5-13 疏水载玻片在AD86表面活性剂不同浸泡时间后与水的接触角

通过实验分析认为：

① 润湿吸附改善润湿性：AD86表面活性剂在浸没岩芯薄片后，表面活性

剂分子迅速润湿并吸附在表面，形成水膜，亲油性下降，亲水性增加；

②离子对迁移和胶束增溶润湿反转：浸泡 1d 后，使岩芯表面润湿性转变为中性润湿，这时候岩石表面的活性剂分子通过离子对静电作用和胶束增溶作用，迫使岩石中吸附的原油及沥青质从岩石表面向溶液迁移，亲水性进一步增加，最终水相接触角达到 30°，接触角最大变化值达到 120°；

③润湿置换原油：浸泡 3d 过程中，岩芯薄片表面转变为亲水性，同时溶液在毛细管作用下自吸进入岩石内部，并将原油置换出来。

5.4.8 岩芯模拟实验

取姬源油田超低渗油藏长 8 岩芯进行驱替实验。实验设备、流程与水驱油实验基本一致(实验装置及流程见图 5-14)。

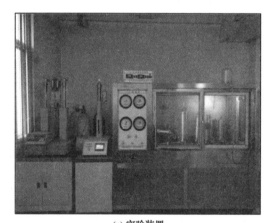

(a) 实验装置

(b) 流程图

图 5-14 岩芯模拟评价实验装置及流程图

1—高压平流泵；2—高黏度泵；3~6—中间容器；7—压力表；8—岩芯夹持设备；

9—流出物接收器；10—压力传感器；11—压力显示仪；12—压力记录仪；13—恒温箱

实验流程：

岩芯准备：钻样、洗油、抽提、烘干备用；

岩芯饱和地层水：测水相渗透率，计算孔隙度等参数；

岩芯饱和油：测油相渗透率及含油饱和度；

一次注水至压力稳定(不再出油)，记录驱出的油/水量和注入端压力，直至压力稳定；

注入 AD86 表面活性剂溶液，记录驱出的油/水量和注入端压力，直至压力稳定；

二次注水，记录驱替过程驱出的油/水量和注入端压力，直至压力稳定。

岩样取自姬塬油田超低渗透砂岩油藏长 8 层。实验前岩芯洗油，烘干后测岩芯基础物性(表 5-6)。

表 5-6　实验岩芯基本参数

岩芯号	长度/cm	直径/cm	孔隙度/%	孔隙体积/mL	渗透率/mD	油饱/%	水饱/%	含油量/mL
BJ-1	3.69	2.51	7.68	1.402	0.116	63.0	37.0	0.884
BF-5	4.50	2.50	13.41	2.960	0.576	62.0	38.0	1.840
BJ-7	5.90	2.48	10.68	3.043	0.213	68.0	32.0	2.080

实验设置围压 10MPa，驱替速度 0.05mL/min，温度 65℃。实验流体包括煤油、模拟水(50000mg/L)、模拟水配制 3000mg/L 的 AD86 表面活性剂溶液等。实验前，采用六速旋转黏度计测试了各实验流体的黏度，并用称重法计算了各实验流体的密度，结果见表 5-7。

表 5-7　实验流体参数

流体名称	黏度(25℃)/mPa·s	密度(25℃)/(g/cm³)
煤油	2.08	0.793
模拟水	1.002	1.003
AD86 表活剂	1.000	1.011

实验结果：

(1) 降压增注实验

不同渗透率岩芯注入 AD86 表活剂后，均能见到降压效果，三块岩芯平均降压率为 20.71%(表 5-8)。

表 5-8　不同渗透率岩芯注 0.3%AD86 表活剂后降压率

岩芯号	稳定压力/MPa			降压率/%
	一次注水	注 AD86 表活剂	二次注水	
BF-5	4.17	3.11	3.08	26.14
BJ-1	7.69	6.66	6.69	13.00
BJ-7	6.22	5.38	4.79	22.99
平均	6.03	5.05	4.85	20.71

注：降压率=(一次注水稳定压力-二次注水稳定压力)/一次注水稳定压力×100%。

　　岩芯驱替过程中注入压力变化如图 5-15 所示，一次注水后继续注表活剂溶液，注入压力下降较快，具有明显的降压效果。一般认为，储层越致密、有效渗流空间越小，固-液边界性质对渗流的削弱作用越明显，越不利于渗流。由于表面活性剂能使岩石表面润湿性发生改变，岩石表面对液体渗流的不利影响就会减轻，因界面效应产生的各种阻力就会被削弱，从而实现降压增注。二次注水时注入压力在注表面活性剂溶液的基础上基本保持稳定。

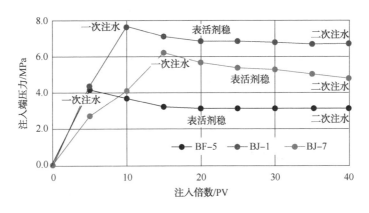

图 5-15　注入压力与注入孔隙倍数关系

（2）驱油效果

　　各阶段的驱油效率见表 5-9 和图 5-16。结果表明，采出程度的提高主要发生在一次注水时期，一次注水压力稳定后再注表面活性剂溶液及二次注水，驱出的油量相对较少，采收率提高幅度 5.43% ~ 17.05%，平均为 10.86%。这也说明超低渗透砂岩岩芯高含水后再注表面活性剂溶液，对超低渗透砂岩油藏洗油作用不显著(岩芯第一次注水水驱后，含水率已相对很高)。

表 5-9　各阶段驱替后采出程度

岩芯号	含油量/mL	驱油量/mL			采出程度/%			总采出程度/%	注表活剂及二次注水后采出程度提高率/%
		一次注水	注 AD86 表活剂	二次注水	一次注水	注 AD86 表活剂	二次注水		
BF-5	1.84	0.94	0.08	0.02	51.09	4.35	1.1	56.52	5.43
BJ-1	0.88	0.33	0.11	0.04	37.50	12.50	4.55	54.55	17.05
BJ-7	2.08	1.17	0.14	0.07	56.25	6.73	3.37	66.35	10.10
平均	1.60	0.81	0.11	0.04	48.28	7.86	3.00	59.14	10.86

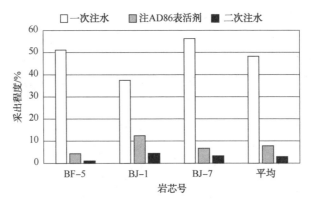

图 5-16　岩芯各驱替阶段采出程度对比图

产生这种现象的原因较复杂，除了流体性质受到温、压等外界因素影响外，大致来说引起这种现象的原因可能包括：

① 岩芯在建立含油饱和度的过程形成了油流优势通道，后续注入水也会沿主流通道流动，由于油质较轻、油黏度低，有利于油相流动，注入水波及的区域有较高的驱油效率，波及区的残余油相不多。

② 一次注水压力稳定后再注表面活性剂溶液，表面活性剂溶液仍将主要沿大通道流动并通过界面作用清洗残余油，但由于残余油量并不多，所以采收率提高幅度不大。

③ 在高含水期后注表面活性剂溶液，由于溶液沿注水优势通道流动，仅作用于优势通道，不能扩大波及体积，驱替液未波及区的剩余油难以启动。

④ 饱和油过程中部分孔隙驱替饱和程度不充分，油相优先进入了阻力较小的孔隙，阻力相对大的孔隙含油较少，即使可以降低油/水界面张力或改变岩石润湿性，也难以再进一步提高采收率。

第 6 章

酸化解堵增注技术

6.1 酸化体系分类

6.1.1 普通盐酸酸化技术（适用于碳酸盐岩地层）

普通盐酸酸化是在低于破裂压力的条件下进行的酸化处理工艺，它只能解除井眼附近堵塞。一般采用 15%~28% 盐酸加入添加剂，通过酸液直接溶解钙质堵塞物和碳酸盐岩类钙质胶结岩石。优点是施工简单、成本低，对地层的溶蚀率较强，反应后生成的产物可溶于水，生成二氧化碳气体利于助排，不产生沉淀；缺点是与石灰岩作用的反应速度太快，特别是高温深井，由于地层温度高，与地层岩石反应速度快，处理范围较小。此项技术已在华北油田、大港油田、青海油田、大庆油田、中原油田、辽河油田、河南油田、冀东油田（唐海）、长庆油田共施工 2698 井次，用盐量 38979.2m³，成功率达 98%，有效率达到 92.8%。

6.1.2 常规土酸酸化技术（适用于砂岩地层）

碎屑岩油气藏酸化较碳酸盐岩油气藏难度大，工艺也比较复杂。常规土酸是由盐酸加入氢氟酸和水配制而成的酸液，是解除近井地层损害，实现油井增产增注的常用方法。它对泥质硅质溶解能力较强。因而适用于碳酸盐含量较低，泥质含量较高的砂岩地层。优点是成本低，配制和施工简单，因而广泛应用。此项技术已在华北油田、大港油田、中原油田共施工 1768 井次，用酸量 26872.9m³，成功率达 97%，有效率达到 91.5%。

6.1.3 泡沫酸酸化技术（碳酸盐岩地层）

泡沫酸是由酸液，气体起泡剂和泡沫稳定剂组成。其中以酸为连续相，气体为非连续相。酸量为 15%~35%，气体体积约占 65%~85%，表面活性剂的含量为酸液体积的 1.0%~2%。由于泡沫的存在减少了酸与岩石的接触面积，限制了酸液中 H^+ 的传递速度，因而能延缓酸岩反应速度，多用于水敏性储层和地层压力较低的储层。此项技术已在华北油田、大港油田、青海油田、大庆油田、中原油田、辽河油田、河南油田、冀东油田、长庆油田、共施工 78 井次，用酸量 2269.6m³，成功率达 95.8%，有效率达 96%。

6.1.4 胶束酸酸化技术(碳酸盐岩地层)

胶束酸是国内的一种新型酸液,它借助于胶束剂在酸中形成的胶束体系,有以下特点:

① 胶束酸具有很强的活性,降低酸液表面张力,防乳破乳能力较强,利于酸液返排;

② 由于酸液体系为微乳液,黏度比常规酸化大,在酸后返排时,悬浮固体颗粒能力强,能将酸化反应物中的固体颗粒携带出地面,有利于疏通油流通道,提高地层渗透率;

③ 胶束酸与地层流体配伍较好,残渣低,在一定程度上保护了油层;

④ 胶束酸具有一定的缓速作用,可以延缓酸岩反应速度,增加酸液的有效作用距离,提高整体酸化效果。

此技术已在华北油田(二连油田)大港油田等共施工 136 井次,用酸量 3098.8m³,成功率达 96.6%,有效率达 97%。

6.1.5 乳化酸酸化技术(碳酸盐岩地层)

乳化酸是以油为外相,酸为内相的酸性乳化液。外相一般为原油或柴油等,内相一般为 15%～28%盐酸+添加剂,油酸比为 3：7 左右。在酸化过程中,当酸液进入地层深部后,在地层高温高压条件下,油膜破裂,盐酸与地层岩石进行化学反应,从而实现深部酸化,达到增产的目的。乳化酸酸化技术的特点:

① 乳化酸黏度较高,滤失量低,在酸压时能形成较宽的裂缝;

② 可以把酸液携带到地层深部,增加了酸的有效作用距离,扩大了酸的处理范围;

③ 在乳化酸稳定期间,酸液不直接与设备、管柱和井下工具接触,可以解决高温深井的缓蚀问题;

④ 乳化酸摩阻大,不宜应用低渗透地层;

⑤ 乳化酸黏度较大、成本很高,因而使广泛应用受到限制。此项技术已在华北油田,辽河油田等共施工 66 井次,成功率达 90%,有效率达 88%,用酸量 2087.0m³。

6.1.6 稠化酸酸压技术(碳酸盐岩地层)

稠化酸酸压技术是近几年来开发应用的新技术,在盐酸中添加了增稠剂,使酸化液黏度增加,降低了 H^+ 向岩石壁面的传递速度。特点是:

① 与常规酸化相比具有酸液黏度高,摩阻低等特点,因而具有良好的缓速,降滤失,造缝,携砂及减阻性能;

② 稠化酸具有较好的缓速性能,能够大大延缓酸岩的反应速度,增加酸液的作用距离,达到深部酸化的目的;

③ 在深井,超深井施工中,可使泵压下降,耐磨,抗剪切;

④ 由于稠化酸具有较高的黏度,因而会限制酸液内部的对流作用及 H^+ 的扩散速度,从而降低酸岩反应速度,增加活性酸穿透距离,酸化半径达 8m 以上。此技术在各个油田施工 62 井次,成功率达 91%,有效率达 89%,用酸量 2080.0m³。

6.1.7 硝酸粉末酸化技术

该技术利用特殊方法制成的硝酸粉末,克服了硝酸的强腐蚀性、强刺激性和运输不便等缺点,同时保持了硝酸的强酸性和强氧化性等优点,能氧化溶解多种有机物,与其他酸液配合使用可大大增强使用效果。盐酸与硝酸在地层中按 3:1 混合能生成王水,溶解其他酸类不能溶解的物质。两种酸在地层中反应是一个放热反应,能够有效解堵油层中的有机堵塞,降低稠油黏度的作业,酸化半径达到 8m 以上,因此说,对低渗透油层、致密的砂岩油层、有机堵塞物堵塞的油层或用其他酸液酸化无效的井,用硝酸粉末酸化均能取得较好效果,且有效期达两年之久。

6.1.8 氟硼酸酸化技术(砂岩地层)

氟硼酸(HBF_4)酸化技术是对砂岩地层进行深部酸化解堵。该项技术的机理是利于氟硼酸进入地层后水解生成氢氟酸,溶蚀地层中硅质矿物,解除较深部地层的堵塞,恢复和提高其渗透率。此技术施工 9 井次,成功率达 84%,有效率达 98%,用酸量 328.6m³。

6.1.9 "ClO_2+酸"复合解堵技术

二氧化氯(ClO_2)是淡黄色气体,二氧化氯解堵液是二氧化氯与水溶液的混合物。二氧化氯解堵液在碱性溶液中是稳定性物质，属非氯制剂，无论运输、储存、使用都十分安全。而在酸性条件下处于非稳定态，二氧化氯解堵液与酸混合后，5~15min 时间内便很快被激活，变为非稳定态。激活了的二氧化氯具有极强的氧化性能，达成酸化解堵效果。

此技术已在胜利油田、中原油田实验应用了 20 余口井，成功率达 95%，有效率达 98%。

6.1.10　高能气体酸化压裂技术

高能气体酸化是利用火药推进剂快速燃烧产生的大量高温高压气体，对井壁产生脉冲加载，在机械作用、热作用、化学作用和振动脉冲综合作用下，使井壁附近产生不受地应力约束的多条径向、垂直向裂缝，改善地层导流能力和增加沟通天然裂缝的机会。

6.2　解堵原理

酸化是油井增产、水井增注的重要措施。酸化的目的是为了恢复和改善地层近井地带的渗透性，提高地层的导流能力，达到增产增注的目的。

碳酸盐岩基质酸化增产原理：碳酸盐岩储层的主要矿物成分是方解石 $CaCO_3$ 和白云石 $CaMg(CO_3)_2$，储集空间分为孔隙和裂缝两种类型。碳酸盐岩储层酸化通常采用盐酸液。盐酸可直接溶蚀碳酸盐岩和堵塞物从岩石表面剥蚀下来。在低于地层破裂压力的泵注压力下，酸液首先进入近井地带高渗透区，依靠酸液的化学溶蚀作用在井筒附近形成溶蚀孔道，从而解除近井地带的堵塞，增大井筒附近地层的渗透能力。根据反应式 $HCl \Longrightarrow H^+ + Cl^-$ 和 $2H^+ + CaCO_3 \Longrightarrow Ca^{2+} + H_2O + CO_2$，保证持续反应的条件为：①反应中酸液要持续离解出氢离子；②离解出的氢离子不断向固相界面运动；③运动到固相界面的氢离子与岩石矿物发生化学反应；④反应产物金属离子离开界面。

砂岩基质酸化增产原理：盐酸与氢氟酸的混合液称为土酸。土酸应用于碳酸盐含量较低、泥质成分较高的砂岩地层酸化处理。土酸反应机理是混合酸中的盐酸溶解地层中的碳酸盐类胶结物和部分铁质、铝质，氢氟酸溶解地层中硅酸盐矿物和黏土。

6.3 措施方式

在酸液体系的选用方面:

① 可应用土酸体系、磷酸体系、磷酸缓速,土酸可继续使用,但是应尽量少单一应用土酸体系;土酸中氢氟酸浓度不要超过1%,以控制二次沉淀物的产生;

② 考虑到黏土矿物伤害机理的复杂性,特别推荐对黏土矿物有较好稳定作用的氟硼酸体系,建议浓度控制在8%~10%;

考虑到油井堵塞类型和水井欠注的复杂性,酸液的组合方面,建议酸液和其他解堵液复合应用,以达到解除多种伤害物的目的。特别是应考虑到腐蚀产物和细菌及其代谢产物的堵塞,酸液应与强氧化剂复合应用,并考虑使用防膨液。

为了改善酸液性能,建议从添加剂体系的应用方面做以下调整:

① 适当增加助排剂浓度(建议0.5%),以降低表面张力;

② 适当增加铁离子稳定剂浓度;

③ 配方体系中可加入互溶剂,以改变岩石润湿性为水湿,并且有助于解除有机伤害物;

④ 选用的酸化防膨剂防膨率较低,建议选用大相对分子质量长效抑制性阳离子防膨剂;

⑤ 配方体系中可加入1%~3%乙酸,兼有缓速、保持低pH值环境,稳定铁离子的作用。

因为注水井堵塞类型较为复杂,要求在伤害类型深入分析基础上,选择有针对性的解堵液。液体的应用方面,可考虑多种酸液的复合应用,以发挥不同酸液各自的优势。

针对低渗透油藏开发,开展注水井增注方法主要有五个方面:

① 压裂和化学解堵剂:采取压裂和针对钻完井过程中产生的堵塞选择解堵措施,解除注水井近井地带产生的堵塞。

② 注水精细过滤:通过超级膜过滤器的使用,使得注水进入储层的微粒尽量少,不易对储层微小孔喉产生堵塞。

③ 缓速酸:为延缓酸液和油层堵塞物的反应时间,而研制缓速酸,如磷

酸、氨基磺酸、固体酸、柠檬酸、氟硼酸、油包酸、胶束酸等，它们能够提高酸化有效半径，达到深度酸化保护油层的目的。

④ 防膨剂：注水开发时由于外来流体的进入，导致油层敏感性矿物特别是黏土矿物膨胀，使有效孔隙度降低，可采用的防膨剂有无机盐、无机聚合物、有机聚合物等，其中聚季铵盐、聚季磷酸盐和聚季硫酸盐等有机聚合物类防膨效果较好，多用于低渗、水敏性强的油层。

⑤ 在酸压方面，通过酸化添加剂的改进，在增加储层渗透率的同时，不产生或少产生沉淀堵塞孔喉。

第 7 章

表面活性剂降压
现场应用

7.1 区块概况

7.1.1 地质概况

池 335 长 8 油藏位于伊陕斜坡西部中段；沉积环境主要为三角洲前缘亚相，水下分流河道、河道侧翼和分流间湾较为发育（图 7-1）；砂体以细砂-粉砂为主。油气圈闭主要受岩性和物性变化控制。该油藏从 2010 年开始规模建产，采用菱形反九点井网部署，实施超前注水方式开发，目前累计投产油井 210 口，注水井 69 口，累计产油 43.1×10⁴t，累计注水 224.3×10⁴m³，目前年产油 6.1×10⁴t，年注水 38.4×10⁴m³。

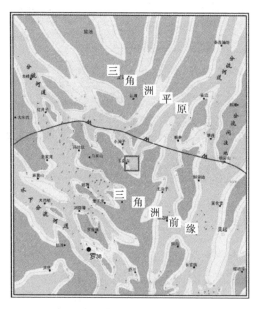

图 7-1 姬塬地区长 8 沉积相图

7.1.2 储层特征

王盘山长 8 油藏岩石类型以长石岩屑砂体为主，岩石成分成熟度与结构成熟度低，储层粒度为细粒、细-中粒砂岩为主，主要填隙物为绿泥石、铁方解石及硅质为主，储层以粒间孔和长石溶孔为主，同时发育少量岩屑溶孔和晶间孔。北部储层具有排驱压力中等，孔喉偏于细歪度的特点；油藏南部储层相对北部具有分选差，中值压力高的特点(图7-2)。

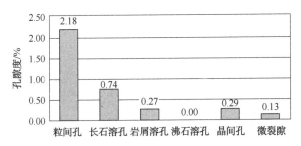

图7-2 王盘山长8储层孔隙组合特征对比图

7.1.3 流体性质

姬塬油田长8储层原油性质较好，具有三低特征，即：低密度、低黏度、低凝固点。其中，长8_1储层地面原油密度为0.8445g/cm^3，黏度为5.17mPa·s，凝固点为19.0℃；长8_2储层地面原油密度为0.852g/cm^3，黏度为4.36mPa·s，凝固点为18.0℃。平均总矿化度为42.7g/L，水型为$CaCl_2$。

油水两相共渗区范围相对较大，油相渗流阻力较大，渗流能力弱。油相渗透率下降慢，水相渗透率上升慢，水驱油效率中等，油水共渗点含水饱和度大于50%。油藏整体表现为中性偏亲水，水驱油效率中等，最终驱油效率为54%(图7-3)。

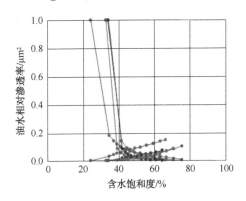

图7-3 池335区油水相渗曲线

7.2 施工方案

现场共实施复合表活剂降压增注实验3口，以芦50-53为例。

7.2.1 措施井基本情况

(1) 基础数据
基础数据见表7-1。

表 7-1 基础数据

该井所属区块名称		池 335		地理位置		陕西省定边县樊学乡张山村	
开钻日期		2010-5-9	完钻日期		2010-5-19	完井日期	2010-5-19
完钻井深/m		2670.00		人工井底/m		2649.00	
钻井液性能	密度/(g/cm³)	1.05	最大井斜/(°)		14.17	井段/m	1395.00
	黏度/mPa·s	35.00	造斜点/m		1095.00	方位/(°)	307.79
	浸泡时间/d	1	固井质量		合格		
补芯海拔/m		1654.24		套补距/m		5.35	

（2）完井套管数据

完井套管数据见表 7-2。

表 7-2 完井套管数据

名称	规范	钢级	壁厚/mm	内径/mm	深度/m	水泥返高/m
表层套管	φ244.5	J-55	8.94	226.6	222.50	井口
油层套管	φ139.7	J-55	7.72	124.26	2669.23	33.00
特殊说明		油层套管变径悬挂深度				

（3）油层情况

油层情况见表 7-3。

表 7-3 油层情况

层位	层号	解释井段/m	厚度/m	孔隙度/%	渗透率/$10^{-3}\mu m^2$	含油饱和度/%	泥质含量/%	岩性	解释结果
长 8_2^1	97	2618.8~2625.3	6.5	12.52	1.98	38.42	17.16	砂岩	干层
	98	2625.6~2632.0	6.4	13.57	3.34	49.39	14.21	砂岩	油水同层
	99	2632.4~2635.0	2.6	13.86	3.59	46.16	14.23	砂岩	油水同层

（4）射孔情况

射孔情况见表 7-4。

表 7-4 射孔情况

层号	射孔井段/m	射孔日期	射孔枪型	射孔孔密	射孔孔数
98	2626.0~2632.0	2010-7-12	TY-102	16	96
97	2622.0~2626.0	2011-5-13	TY-102	16	64

（5）地层压力情况

该区长 8 层原始地层压力为 18.3MPa，该井于 2010 年 8 月 22 日投注，累计注水 68099m³，注水压力为 16.7MPa，预计目前地层压力为 41.4MPa，射孔段底部垂深为 2604m，地层压力系数为 0.71。

（6）试油压裂情况

2010 年 7 月 12 日对该井长 821 层 2626.0~2632.0m（6.0m）段射孔，爆燃压裂完井。

（7）历次措施

2010 年 8 月 22 日投注，注采出水，油/套压 9.8/9.7MPa，配/实注 25/5m³/d，欠注。

2011 年 11 月 22 日改注清水，油/套压 12.0/12.0MPa，配/实注 20/20m³/d。

2013 年 5 月 13 日补孔 2622.0~2626.0m（4.0m），补孔后对 2622.0~2632.0m（10.0m）段实施酸化增注措施，措施后油/套压 9.0/9.0MPa，配/实注 25/25m³/d。

2013 年 11 月 5 日注不够，冬季吹扫、停注。

2014 年 3 月 5 日复注、注不进，5 月底洗井挤注后正常注水。7 月 17 日再次注不进，10 月 25 日酸化增注，措施后油/套压 14.0/13.0MPa，配/实注 30/30m³/d。

（8）生产状况

生产状况见表 7-5。

7.2.2 设计思路

前置酸酸化降压：前置酸酸化解除射孔段及近井结垢及机杂堵塞，降低后续表面活性剂注入压力，保证表活剂顺利挤注施工。

超低界面张力表活剂降压：利于 AD86-06 超低界面张力性质（<10⁻³mN/m），降低储层油/水界面张力，解除油藏内部界面张力堵，降低水化膜水锁效应，提高水相渗透率。

润湿反转表活剂降压、提高洗油效率：利于 AD86-07 表活剂润湿性改变能力（接触角改变值>50°），改变岩石表面润湿性，亲油转变为中性/弱亲水，剥离孔喉/隙壁上油膜、提高油相渗透率、提高洗油效率。

表 7-5　池 335 长 8 油藏注水井芦 50~53 综合数据表

时间	注水天数	注水方式	注水压力/MPa			日注	全井注水量/m³				备注
			干线压力	油压	套压		月配注	月注	年注	历年注水	
2010 年 8 月	6	笼统注水	12.0	8.9	8.9	11		65	65	65	25 日~28 日停产井
2010 年 9 月	30	笼统注水	13.0	8.0	8.0	8		250	315	315	25 日停产井
2010 年 10 月	30	笼统注水	13.5	9.8	9.7	5		154	469	469	10 日~11 日停产井
2011 年 3 月	30	笼统注水	12.4	9.8	9.7	0		0	350	1229	14 日~15 日停产井
2011 年 7 月	20	笼统注水	17.0	9.0	9.0	22		430	1644	2523	30 日~11 日停产井
2011 年 11 月	14	笼统注水	15.0	9.0	9.0	15		217	3098	3977	1 日~10 日设备故障
2012 年 4 月	29	笼统注水	14.9	9.0	9.0	25	750	729	2586	7183	
2012 年 8 月	31	笼统注水	14.9	9.0	9.0	25	775	775	5656	10253	
2012 年 12 月	31	笼统注水	14.9	9.0	9.0	25	775	774	8674	13271	
2013 年 4 月	23	笼统注水	14.9	9.0	9.0	25		571	2166	15437	10 日~13 日限电
2013 年 8 月	31	笼统注水	14.9	9.0	9.0	30	930	930	5408	18679	
2013 年 12 月	20	笼统注水	14.9	12.0	12.0	15	600	300	8006	21277	20 日~31 日计划关
2014 年 4 月	30	笼统注水	14.9	12.0	12.0	0	900	0	0	21277	
2014 年 8 月	31	笼统注水	15.5	13.0	13.0	0	930	0	1500	22777	
2014 年 10 月	24	笼统注水	15.5	14.7	14.5	0	720	0	1500	22777	24 日~31 日酸化
2014 年 11 月	30	笼统注水	15.5	14.0	13.0	30	900	900	2400	23677	
2014 年 12 月	31	笼统注水	15.5	14.0	13.0	30	930	930	3330	24607	
2015 年 4 月	30	笼统注水	15.5	14.0	13.0	30	900	900	3600	28207	

时间	注水天数	注水方式	注水压力/MPa			全井注水量/m³					备注
			干线压力	油压	套压	日注	月配注	月注	年注	历年注水	
2015年8月	31	笼统注水	15.5	14.0	13.0	30	930	930	7290	31897	
2015年12月	31	笼统注水	15.5	14.0	13.0	30	930	930	10950	35557	
2016年4月	30	笼统注水	15.5	14.0	13.0	30	900	90	3630	39187	
2016年8月	31	笼统注水	15.5	14.0	13.0	30	930	930	7320	42877	
2016年12月	31	笼统注水	15.5	14.0	13.0	30	930	930	10980	46537	
2017年4月	30	笼统注水	16.5	15.3	15.1	20	600	600	2820	49357	
2017年8月	31	笼统注水	16.5	15.3	15.1	20	620	620	5280	51817	
2017年12月	31	笼统注水	16.5	15.3	15.1	20	620	619	7717	54254	
2018年4月	30	笼统注水	16.5	15.0	14.5	20	600	593	2391	56645	
2018年8月	31	笼统注水	16.5	15.0	14.5	20	620	620	4851	59105	
2018年12月	31	笼统注水	16.5	15.0	14.5	10	310	310	6137	60391	
2019年4月	15	笼统注水	16.5	15.0	15.0	15	225	225	975	61366	16日~30日周期注水
2019年8月	15	笼统注水	16.5	15.0	15.0	15	225	225	1815	62206	16日~31日周期注水停注
2019年12月	31	笼统注水	16.5	15.0	15.0	15	465	465	3195	63586	
2020年4月	30	笼统注水	16.5	15.0	15.0	15	450	450	1483	65069	
2020年8月	31	笼统注水	16.7	13.0	12.8	20	615	615	3688	67274	
2020年10月	15	笼统注水	16.7	13.0	12.8	15	465	225	4513	68099	16日~31日配钻

防膨缩膨剂协同降压：表活剂工作液中复配 AD45-5 防膨缩膨剂，防止黏土矿物膨胀与分散造成的有效渗流空间减小及高黏度矿物溶胶导致的非线性渗流；降低黏土矿物分割孔隙、增加孔隙结构复杂性导致的储层损害。

7.2.3 设计参数

（1）入井液配方及用量

入井液配方及用量见表 7-6。

表 7-6 入井液配方及用量

液体类型	配方	数量/m³
前置酸液	3.0%HF+12%HCl+0.5%NBL-626（助排剂）+1.5%AD43-20（酸化缓蚀剂）+0.5%AD42-3（铁离子稳定剂）（特种罐车拉运至井场）	25
1#表面活性剂	AD86-06（超低界面张力，原液浓度按 100% 计，现场配液浓度为 5.0%）+1.5%AD45-5（防膨缩膨剂）	50
2#表面活性剂	AD86-07（润湿反转剂，原液浓度按 100% 计，现场配液浓度为 5.0%）+1.5%AD45-5（防膨缩膨剂）	50

（2）油管规范及性能

油管规范及性能见表 7-7。

表 7-7 油管规范及性能

钢级	壁厚/mm	内径/mm	外径/mm	内容积/（L/m）	质量/（kg/m）	抗拉强度/t	抗内压强度/MPa	抗外挤强度/MPa
N-80	5.51	62	73.02	3.02	9.67	65.75	72.9	64.9

7.3 施工过程

7.3.1 施工工序

① 起出原井内全部生产管柱，刺洗干净，仔细检查管柱，更换不合格油管。

② 用 φ118mm 通洗井规，通井实探人工井底，若中途遇阻，处理井筒至合

格，下笔尖+管串至井口，活性水大排量反循环洗井，$Q \geqslant 500$L/min，洗至井口进出口水质一致为合格，用水量不少于 40m^3，及时上报洗井过程中地层漏失情况。

③ 校核油补距，按设计要求下表活剂降压增注措施钻具，钻具结构（自下向上）：

球座（不带球）+$2 \times \phi 8$mm 偏嘴[（2627.0 ± 0.5）m]+2″7/8 外加厚油管+K344-115 封隔器[（2617.0 ± 0.5）m]+5″1/2 水力锚 1 个+2″7/8 外加厚油管至井口（可根据现场调整）。

④ 装 350 井口，连接地面注入管线及设备，清水试压 30MPa，不刺不漏为合格。

⑤ 试挤合格后，现场配液，技术人员现场进行指导。

7.3.2 施工参数

施工参数见表 7-8。

表 7-8 施工参数记录表

工序	参数	备注
求吸水	排量 300L/min、压力 20MPa；排量 400L/min、压力 21MPa；排量 500L/min、压力 22MPa	共挤清水 3m^3，停泵压力 18MPa
替酸	排量 500L/min，压力 5.0MPa	替酸 8m^3
挤酸	排量 400L/min，压力 18↑22MPa	挤酸 1m^3
	排量 400L/min，压力 22↓20MPa	挤酸 2.5m^3
	排量 400L/min，压力 20↓16.5MPa	挤酸 5m^3
	排量 400L/min，压力 16.5↓15MPa	挤酸 2.5m^3
	排量 400L/min，压力 15MPa	挤酸 6m^3
停泵	停泵压力 12MPa	
顶替清水	排量 400L/min，压力 15MPa；停泵压力 12MPa	共挤清水 10m^3
关井反应	反应 2.0h、反洗井	
挤 1#表活剂（AD86-06）	排量 400~450L/min，压力 15↑15.2MPa	3t AD86-06+2t AD45-5，配液 50m^3，共挤 50m^3

工序	参数	备注
挤2#表活剂（AD86-07）	排量400~450L/min，压力15↑15.5MPa	3t AD86-07+2t AD45-5，配液50m³，共挤50m³
顶替清水	排量500L/min，压力15.6MPa	共顶替清水20m³
关井	关井反应	

7.3.3 施工曲线

施工曲线见图7-4。

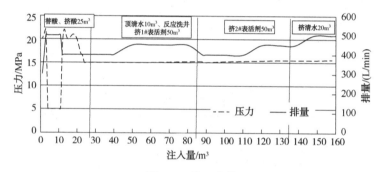

图7-4 施工曲线

7.3.4 施工小结

该井共挤注酸液25m³，挤酸压力（18-22-20-16.5-15）MPa，停泵压力12MPa；挤注1#、2#表活剂溶液各50m³，挤注压力（15-15.2-15.5）MPa，停泵压力12MPa；顶替清水20m³，顶替压力15.6MPa。

7.4 效果评价

池335长8油藏共开展增注措施3口，措施后平均油压下降5.0MPa，日增注38m³，累计增注738m³，目前注水压力仍较措施前降低2.7MPa，措施有效率100%，达到项目预期指标（表7-9）。

表7-9 复合表面活性剂增注效果统计表

序号	井号	油藏	施工日期	措施前注水情况				措施后注水情况						
				油压/MPa	套压/MPa	配注/m³	日注/m³	油压/MPa	套压/MPa	配注/m³	日注/m³	日增注/m³	有效期/d	累计增注/m³
1	芦50-71	池335长8	2020/6/22	18.5	18.3	10	7	15.8	15.6	10	10	3	181	543
2	芦52-51	池335长8	2020/12/15	18.4	18.3	10	0	14.3	14	15	15	15	5	75
3	芦50-53	池335长8	2020/12/14	17.2	17	20	0	13	12.8	20	20	20	6	120
合计				18.0	17.9	40	7	14.4	14.1	45	45	38	64	738

第**8**章

酸化解堵增注现场应用

8.1 储层改造增注效果分析

8.1.1 补孔酸化增注

针对王盘山长 8 油藏部分注水井投注时，射开程度偏小；2011 年选取油层相对较厚、注水困难的注水井实施了补孔酸化增注措施，措施后射开程度增加了 23.1%，同时对全射孔段实施酸化增注，取得了一定的效果：措施 5 口，措施后 4 口见到了效果，1 口井效果不太理想（表 8-1）。

措施前 5 口井平均油压为 15.1MPa，套压为 14.7MPa，日配注 110m³，日注水 0m³；措施后平均油压为 12.3MPa，套压为 12.1MPa，日配注 80m³，日注水 60m³，日增注水量 64m³，累计增注 13288m³（表 8-2）。

单井措施效果分析：芦 56-57 井于 2010 年 3 月 27 日完井，完钻层位长 8。2010 年 6 月 12 日对长 8 层 2617.0~2623.0m(6.0m)射孔，爆燃压裂完井。2010 年 8 月 23 日投注，由学一联注水，油压为 10.8MPa，套压为 10.0MPa，配注 20m³/d，实注 0m³/d，一直注不进。后该井改由学 13 增集成注水撬注清水，油压为 12.6MPa，套压为 12.5MPa，配注 20m³/d，实注 0m³/d，注不进。经分析研究认为该井地层致密、物性差，决定采用 127 复合弹补孔 2614.0~2617.0(3.0m)井段，补孔后对长 8 层 2614.0~2623.0(9.0m)实施酸化增注措施。2011 年 6 月 21 日组织队伍对该井实施了补孔酸化措施。该井的基本数据、油层数据以及射孔情况如下：

(1) 基本数据

基本数据见表 8-3。

(2) 油层情况

油层数据见表 8-4。

(3) 射孔井段

射孔井段表情况见表 8-5。

(4) 施工方案

① 通洗井，并用活性水大排量洗井至进出口水质一致。

② 射孔长 8：2614.0~2617.0(3.0m)。复合缓速解堵剂清洗射孔段。

③ 用自缓速酸15m³ 对长 8 层 2614.0~2623.0(9m)进行处理。

④ 按地质方案要求完井。

表8-1　2011年长8油藏补孔酸化增注水井统计表

井号	油层厚度/m	原射孔情况					补孔				措施前射开程度/%	措施后射开程度/%
		射孔时间	射孔井段/m	厚度/m	孔密/(孔/m)	枪/弹型	射孔井段/m	厚度/m	孔密/(孔/m)	枪/弹型		
芦58-55	20.1	2010-6-13	2561.0~2567.0	6.0	16	102枪127复合弹	2567.0~2571.0	4.0	16	102枪127复合弹	29.9	49.8
芦50-55	16.3	2010-7-9	2774.0~2780.0	6.0	16	102枪127复合弹	2770.0~2774.0	4.0	16	102枪127复合弹	36.8	61.3
芦50-53	15.5	2010-7-12	2626.0~2632.0	6.0	16	102枪127复合弹	2622.0~2626.0	4.0	16	102枪127复合弹	38.7	64.5
芦60-53	16.6	2010-5-19	2683.0~2689.0	6.0	16	102枪127复合弹	2689.0~2693.0	4.0	16	102枪127复合弹	36.1	60.2
芦56-57	14.9	2010-6-12	2617.0~2623.0	6.0	16	102枪127复合弹	2614.0~2617.0	4.0	16	102枪127复合弹	40.2	63.3

表 8-2　2011 年长 8 油藏注水井补孔酸化增注效果统计表

| 井号 | 措施日期 | 措施前 | | | | 目前 | | | | 措施有效天数/d | 日增注水量/m³ | 累计注水量/m³ | 备注 |
		油压/MPa	套压/MPa	配注/m³	实注/m³	油压/MPa	套压/MPa	配注/m³	实注/m³				
芦 58-55	5 月 27 日	14	13	20	0	16	16.2	0	0	38		364	
芦 50-55	5 月 1 日	16.7	16	25	0	9.5	9	20	20	223	20	4811	
芦 50-53	5 月 15 日	17.5	17.5	25	0	9	9	15	15	185	20	3435	
芦 60-53	6 月 14 日	14.5	14.4	20	0	14	14.2	0	0	29	0	20	注不进
芦 56-57	6 月 21 日	12.6	12.5	20	0	13	12	25	25	191	24	4658	

表 8-3　基本数据表

井别	注水井	地理位置	陕西省定边县樊学乡张山村		完井日期	2010-3-27
完钻井深	2661.00m	套管下深	2662.08m	套管壁厚	7.72mm	完钻井深	2661.00m
套补距	3.50m	人工井底	2645.50m	补芯海拔	1610.44m	套补距	3.50m
造斜点	575.00m	水泥返高	173.70m	短套管位置	1835.00~1837.50、2249.32~2251.16、2371.80~2374.030、2525.41~2527.25

表 8-4　油层数据表

层位	油层井段/m	厚度/m	电阻率/$\Omega \cdot m$	孔隙度/%	渗透率/$10^{-3}\mu m^2$	含油饱和度/%	综合解释
长 8	2614.3~2616.7	2.4	40.86	11.53	1.29	48.45	差油层
	2616.7~2626.6	9.9	39.00	13.24	2.44	50.88	油层
	2626.6~2629.2	2.6	34.90	10.51	0.74	41.39	干层

表 8-5　射孔井段表

层位	射孔时间	射孔井段/m	厚度/m	孔密/(孔/m)	枪型
长 8	2010-6-12	2617.0~2623.0	6.0	16	127 复合弹

（5）措施效果

如表 8-6 所示，芦 56-57 经过措施后，日注水由 0m³ 上升至 24m³，有效地提高了注水能力（图 8-1）。

表 8-6 芦 56-57 补孔酸化措施效果统计表

井号	措施前			措施后			有效期/d
	配注/ (m³/d)	压力/MPa	实注/ (m³/d)	配注/ (m³/d)	压力/MPa	实注/ (m³/d)	
芦 56-57	20	12.5	0	25	12.5	24	191

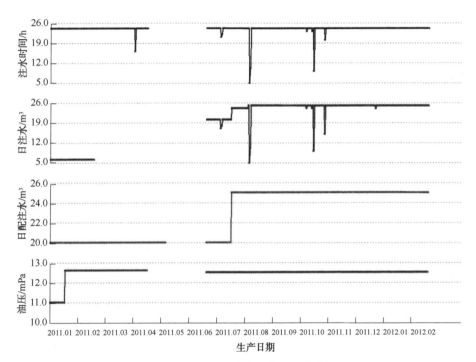

图 8-1 芦 56-57 井措施前后注水曲线

8.1.2 多元酸复合酸化

针对物性较差，爆燃压裂等常规措施效果不理想的井，实施多元酸复合酸化增注，取得一定效果。2011 年实施注水井酸化增注 7 口，措施前平均油压为 15.5MPa，套压为 15.5MPa，日配注 150m³/d，日注水 3.0m³；措施后平均油压为 14.9MPa，套压为 14.4MPa，日配注 135m³，日注水 71m³，日增注水量 49m³，累计增注 14531m³（表 8-7）。

单井措施效果分析：姬 49-13 井为姬 15 井区一口注水井，于 2010 年 4 月 6 日完井，2010 年 5 月 22 日对长 8 油层 2546.0～2552.0m（6.0m）井段，采用

TY-102枪射孔后实施爆燃压裂措施。2010年7月14日投注，日配注20m³，日注1m³，油压为15.5MPa，套压为15.5MPa；措施前该井日配注25m³，实注0m³，油压为18.6MPa，套压为18.6MPa，累计注水102m³。该井于2011年4月19日实施了酸化增注措施。该井的基本数据、油层数据以及射孔情况如下：

表8-7 2011年长8油藏注水井复合酸酸化增注效果统计表

井号	措施日期	措施前				目前				措施有效天数/d	日增注水量/m³	累增注水量/m³	备注
		油压/MPa	套压/MPa	配注/m³	实注/m³	油压/MPa	套压/MPa	配注/m³	实注/m³				
姬49-13	4-19	18.0	18.0	25	0	14.9	14.0	25	24	259	24	6393	
芦60-51	5-22	14.5	14.5	20	0	14.5	14.5	0	0	38	0	393	计划关井
芦56-55	6-7	14.9	14.9	20	0	14.5	14.2	25	24	199	24	4478	
芦58-53	6-11	14.4	14.4	20	0	14.6	14.6	20	0	37		670	
姬43-19	6-22	16.2	16.2	25	1	15.4	15.4	25	1	62		529	
姬53-11	6-27	15.3	15.3	20	0	15.3	14.3	20	19	178	1	2006	
芦58-55	8-11	15.0	15.0	20	2	15.3	14.0	20	3	20		62	

（1）基本数据
基本数据见表8-8。

表8-8 姬49-13基本数据表

井别	注水井	地理位置	陕西省定边县姬源镇蔡窑子村		完井日期	2010-04-06
完钻井深	2598.00m	套管下深	2588.90m	套管壁厚	7.72mm	完钻井深	2598.00m
套补距	4.80m	人工井底	2567.00m	补芯海拔	1540.51m	套补距	4.80m
造斜点	335.00m	水泥返高	185.00m	短套管位置/m	2241.93~2244.30、2399.95~2402.38、2504.73~2507.13	

（2）油层情况

油层情况见表8-9。

表8-9 姬49-13油层数据表

层位	油层井段/m	厚度/m	电阻率/Ω·m	孔隙度/%	渗透率/$10^{-3}\mu m^2$	含油饱和度/%	测井解释
长8	2546.0~2548.4	2.4	56.64	9.51	0.66	53.21	油层
	2548.4~2550.5	2.1	77.68	7.26	0.29	56.11	差油层
	2551.2~2553.6	2.4	79.98	8.94	0.56	60.28	油层

（3）射孔井段

射孔井段情况见表8-10。

表8-10 姬49-13射孔井段表

层位	射孔时间	射孔井段/m	厚度/m	孔密/(孔/m)	枪型
长8	2010-05-22	2546.0~2552.0	6.0	16	TY-102

（4）施工方案

① 通洗井，并用活性水大排量洗井至进出口水质一致。

② 分别用多元缓速酸解堵液10m³、复合解堵剂20m³对长8层2546.0~2552.0（6.0m）进行处理。施工工作液配方及用途见表8-11。

③ 按地质方案要求完井。

表8-11 姬49-13酸化体系及配方用途表

序号	处理液名称	数量/m³	药品配方	作 用
1	多元缓速酸酸液	10	多元缓速酸解堵剂	解除地层深部堵塞及污染物，酸液中添加各种高效添加剂以防止各种敏感性伤害，增大酸液作用距离
2	复合解堵剂	20	复合解堵剂	清除井筒、炮眼附近酸溶性无机盐垢，溶蚀、增大近井渗流孔隙
3	后置液	30	黏土稳定剂、增注剂等	推进酸液至地层深处，稳定黏土矿物、增注
4	活性水	30	活性剂	洗井助排
5	合计	90		

（5）措施效果

如表 8-12 所示，姬 49-13 经过措施后，日注水由 0m³ 上升至 24m³，有效地提高了注水能力（图 8-2）。

表 8-12　姬 49-13 多元酸复合酸化措施效果统计表

井号	措施前			措施后			有效期/d
	配注/m³	压力/MPa	实注/m³	配注/m³	压力/MPa	实注/m³	
姬 49-13	20	12.5	0	25	12.5	24	191

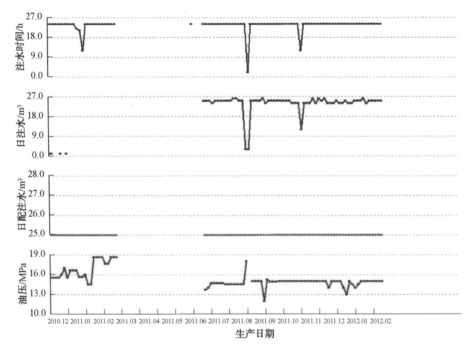

图 8-2　姬 49-13 井措施前后注水曲线

8.1.3　缓速硫酸盐解堵增注

针对长 8 油藏部分注水井存在高压欠注现象，在油气院的技术支撑下，对可能存在地层结垢及机杂堵塞，采用以缓速硫酸盐解堵剂为主体的地层深部解堵措施，以解除堵塞，恢复渗流通道，提高吸水能力；对新投时间注水时间较短，累计注入水量不大，射孔程度较低的高压欠注井实施补孔酸化连作，增加射开程度，改善地层吸水能力。2012年共实施长8增注6口，有效5口，措施有效率达83.3%，措施后平均油套压分别降低了1.4MPa/1.8 MPa，平均单井日增注14.4m³，当年累计增注17443m³（表8-13）。

表8-13　长8注水井硫酸盐降压增注效果统计表

序号	井号	所属油田区块名称	措施日期	措施内容	措施前				目前（2012年12月31日）				措施有效天数/	日增注水量/	累增注水量/
					油压/MPa	套压/MPa	配注/m³	实注/m³	油压/MPa	套压/MPa	配注/m³	实注/m³	d	m³	m³
1	芦60-53	罗27	6月21日	碱性清垢剂	13	13	20	0	13	13	20	20	38	20	1897
2	芦58-53	罗27	6月22日	碱性清垢剂	13	13	20	0	13.5	13	20	20	36	20	1944
3	姬53-7	姬15	4月29日	碱性清垢剂	15.5	15.5	28	0	12.7	12.5	25	24	159	24	5742
4	姬53-11	姬15	5月14日	碱性清垢剂	16.0	16.0	20	1	11.0	11.0	20	19	145	18	3653
5	姬41-23	姬15	5月16日	碱性清垢剂	16.7	16.7	20	0	12.0	11.0	20	19	143	19	4207
6	姬43-19	姬15	6月12日	碱性清垢剂	16.5	16.5	25	0	18	17.5	25	0	0	0	0
	合计/平均				15.1	15.1	22.2	0.2	13.4	13.0	21.7	17.0	104	16.8	17443

单井措施效果分析：姬53-7井为姬15井区一口注水井，于2010年6月24日对长8油层2583.0～2589.0m（6.0m）井段，采用TY-102枪射孔后实施爆燃压裂措施。2010年7月21日投注，日配注20m³，日注为20m³，油压为15.5MPa，套压为15.5MPa；措施前该井日配注28m³，实注0m³，油压为15.5MPa，套压为15.5MPa，累计注水7707m³。该井于2012年4月29日实施了缓速硫酸盐解堵增注，措施后日注水由0m³上升至24m³，注水压力由15.5 MPa下降到12.7 MPa，当年累计增注5742m³（表8-14、图8-3）。

表 8-14 姬 53-7 多元酸复合酸化措施效果统计表

井号	措施前			措施后			有效期/d
	配注/m³	压力/MPa	实注/m³	配注/m³	压力/MPa	实注/m³	
姬 53-7	28	15.5	0	25	12.7	24	242

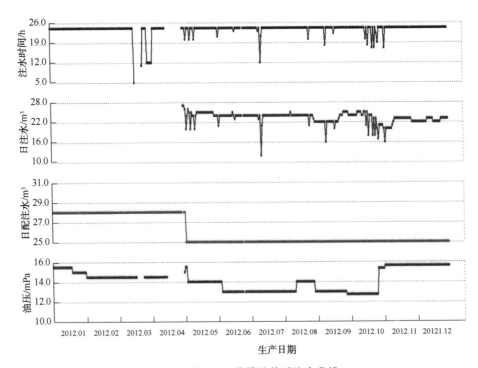

图 8-3 姬 53-7 井措施前后注水曲线

8.2 地面工艺流程优化

2010 年王盘山长 8 油藏实施注水开发，该油藏注水由学一联所辖，由于学一联注水为延 9、延 10、长 2、长 4+5、长 6、长 8 等多层系混合污水，且该站前端除油罐除油能力不足，后端过滤设备损坏频繁，处理后水质较差，站内外管线腐蚀、结垢严重，注水管线频繁破漏，注水泵压力提升不上，系统压力压降较大，最高泵压只能达到 14MPa，到单井不足 12MPa，该年投注的 15 口注水井，有 13 口注水井注不进，日欠注 285m³。

2010 年底针对该情况实施注水工艺流程改造，由于该区块属高压注水区块，且学一联采出水处理流程尚未改造，经技术讨论后采用了就近新建注水撬实施局部增压，同时新钻水源井改用清水注水的改造思路；截至2011年年初新建学13注水撬2座、学58-4注水撬1座，2011年4月份投运后，共计15口长8层注水井、24口长2、长4+5注水井改注清水，其中10口长8层注水井通过改造恢复正常注水，日增注水量150m³（图8-4、表8-15）。

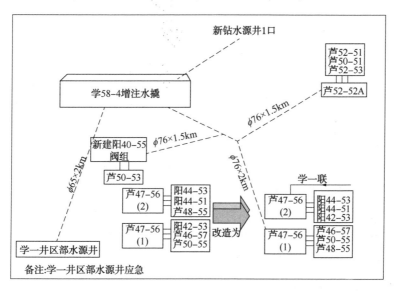

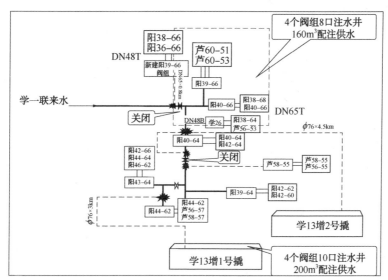

图8-4　王盘山区块长8油藏注水工艺流程改造图

表 8-15　王盘山区块长 8 油藏注水工艺流程改造效果

注水站	井号	系统改造前				系统改造后				
		油压/MPa	套压/MPa	配注/m³	实注/m³	注水站	油压/MPa	套压/MPa	配注/m³	实注/m³
学一联	芦 41-70	9.0	8.0	20	10	学 10 注水撬	9.0	8.0	20	20
学一联	芦 43-66	12.3	11.7	20	10	学 10 注水撬	12.3	11.7	20	21
学一联	芦 56-55	14.2	14.0	20	7	学 13 增	14.2	14.0	20	20
学一联	芦 56-57	12.5	12.0	20	6	学 13 增	12.5	12.0	20	20
学一联	芦 46-57	12.5	12.5	20	0	学 58-4 注水撬	13.4	12.5	20	20
学一联	芦 48-55	10.0	10.0	25	5	学 58-4 注水撬	10.0	10.0	25	25
学一联	芦 50-55	10.0	10.0	25	5	学 58-4 注水撬	10.0	10.0	25	25
学一联	芦 52-53	10.9	10.8	20	9	学 58-4 注水撬	12.5	12.5	20	20
学一联	芦 52-51	10.9	10.8	25	9	学 58-4 注水撬	10.0	11.0	25	25
学一联	芦 50-53	9.8	9.7	25	7	学 58-4 注水撬	10.5	10.5	25	25

　　针对姬 15 长 8 油藏物性差，油层致密，注水压力高现状，先后多次提高耿 188 注水站压力，系统压力从 15MPa 提升至 17MPa（设计压力为 20MPa），使得 2 口长 8 注水井达到配注，日增注 28m³。

　　该站所辖姬 41-23、姬 53-11、姬 43-19 井经现场挤注等措施发现满足其配注要求压力需超过 17MPa，耿 188 注水站泵压仅为 17.0MPa，到达以上各井时压力已经不足 16MPa，无法满足压力要求；多次增注措施无效，为解决这些井欠注问题，对其进行管网局部提压增注。该措施采取在注水管线上直接增装往复柱塞泵，提高注水管压；与常规往复柱塞泵不同的是，该泵进出口压力均为高压，进口直接接入管网，不需要另设水源。该泵 2011 年底投入使用后，以上各井均达到配注，日增注水量 65m³（表 8-16）。

表 8-16　姬 15 区块长 8 油藏注水工艺流程改造效果

序号	注水站	油藏	井号	注水层位	系统改造前					系统改造后				
					注水站泵压/MPa	油压/MPa	套压/MPa	配注/m³	日注/m³	特种泵泵压/MPa	油压/MPa	套压/MPa	配注/m³	日注/m³
1	耿 188	姬 15	姬 41-23	长 8	17.0	16.9	16.9	20	0	20.0	16.9	16.9	20	20
2	耿 188	姬 16	姬 53-11	长 8	17.0	15.0	14.7	20	0	20.0	15.0	14.7	20	20
3	耿 188	姬 15	姬 43-19	长 8	17.0	16.0	16.0	25	0	20.0	16.0	16.0	25	25

参 考 文 献

[1] 孙淑华，李真，万晓萌. 表面活性剂行业现状及发展趋势[J]. 精细化工原料及中间体，2012，(3)：18-21.

[2] 托西欧，塔卡哈师，王守清，等. 新型表面活性剂的发展及21世纪展望[J]. 日用化学品科学报，2000，23(1)：1-3.

[3] Buton C A, Robinson L. Catalysis of nucleophilic substitutions by mieelles of dicationic detergents[J]. J. Org. Chem. 1971, (36)：2346-2349.

[4] Menger F M, Littan C A. Gemini surfactants synthesis and properties[J]. J Am Chem Soc, 1991, 113(4)：1451-1452.

[5] 任艳美，吕彤. 新型Gemini非离子表面活性剂的合成及性能研究[J]. 天津工业大学学报，2011，32(1)：61-65.

[6] 杨燕，刘永兵，蒲万芬，等. 双子表面活性剂的研究进展[J]. 油气地质与采收率，2005，12(6)：67-70.

[7] 刘霜等. 阴离子双子表面活性剂表面活性研究[J]. 精细石油化工进展，2011，12(2)：31-34.

[8] Menger iper J S. Gemini surfactants[J]. Agew Chem. Im. Ed, 2000, 39：1906-1920.

[9] Sen Zhu, Fa Cheng, Jun Wang, et al. Anionic Gemini surfactants：Synthesisand aggregation properties in aqueous solutions[J]. Colloids and Surfaces A：Physicochem EngAspects, 2006, 281：35-39.

[10] BORSE M S, DEVI S. Importance of head group polarity in controlling aggregation properties of cationic gemini surfactants [J]. Advances in Colloid and Interface Science, 2006, 123：387-399.

[11] BAJAJ A, KONDIAH P, BHArACHARYA S. Design, synthesis, and in vitro gene delivery efficacies of novel cholesterol-based Gemini eationic lipids and their serum compatibility：Astructure-activity investigation[J]. Journal of Medicinal Chemistry, 2007, 50(10)：2432-2442.

[12] 李杰，佟威，陈巧梅，等. 新型羧酸盐Gemini表面活性剂的合成及表面活性[J]. 科学技术与工程，2011，11(9)：2030-2032.

[13] 盛立娇，潘全，宋功武，等. 新型Gemini表面活性剂G14-3-14与DNA的相互作用及其在共振光散射法测定DNA中的应用[J]. 湖北大学学报，2011，33(1)：88-92.

[14] 高春林，王丽艳，刘元武，等. 一种双子表面活性剂中间体的合成及表征[J]. 精细与专用化学品. 2009，17(17)：31-34.

[15] 解战峰，等. 环境刺激响应型表面活性剂[J]. 化学进展，2009，21(6)：1164-1170.

[16] 黄立平. 低渗透油田分层注水工艺技术[J]. 中小企业管理与科技(下旬刊)，2015(08)：177.

［17］佃生权．试述油田注水井分层注水工艺技术［J］．中国石油和化工标准与质量，2014（02）：177．

［18］罗濯濯．油田分层注水工艺技术的应用探究［J］．中国石油和化工标准与质量，2016（09）：112-113．

［19］田平，许爱云，等．任丘油田开发后期不稳定注水开发效果评价［J］．石油学报，1999，20（1）：38-42．

［20］胡书勇，张烈辉，冯宴，等．低渗透复杂断块油藏高含水期稳产技术研究［J］．西南石油大学学报，2007，29（4）：86-88．

［21］俞启泰，张素芳．周期注水的油藏数值模拟研究［J］．石油勘探与开发，1993，20（6）：46-53．

［22］张继春，柏松章，张亚娟，等．周期注水实验及增油机理研究［J］．石油学报，2003，24（2）：76-80．